神と共に在りし数学 上
ヨーロッパで咲いた数学の花

井上 清博 著

大学教育出版

序文

歴史上，最古の文明はメソポタミアから始まった

　今から約5000年前，アジアとヨーロッパとアフリカの接点にあるメソポタミアの地で，シュメール人が高度な文明を築き，その様子を粘土板に記録した．彼らは，名を歴史に残した最古の人種である．
　チグリス川とユーフラテス川が豊かな自然，森林を育んだ．楔形文字で書かれた粘土板が，古代の情景を幻燈のように浮かび上がらせる．

天の神と高度な数学が出現した

　今から約7000年前，彼の地で，最古の神話，シュメール神話が語られた．天と地の宇宙論を展開し，天の最高神，アン神が登場した．初めに，神と言葉と数学が存在した．
　シュメールの粘土板には，高度な数学が記された．

文明は世界各地で同時発生し，同時進行した

　同じ頃，メソポタミアに隣接するエジプトでも王朝が誕生した．ナイル川に育まれた豊かな自然が高度な文明を育んだ．約 4000 年前に数学の問題と解答が紙（パピルス）に記録された．

文明は砂漠化をもたらした

　メソポタミアでは，いろいろな民族の侵略と自然破壊が繰り返された．最古の神話と数学は，粘土板が土に返るように，自然と同化して消えていった．
　しかし，アルメニア半島（トルコ）経由で，ヨーロッパの入り口に位置するギリシャや遠くインドに，草木の種が運ばれるように，メソポタミアの数学が伝えられた．
　エジプトでも自然破壊があり，砂漠化していった．そこでも，ピラミッドが存在し続けるように，数学の真髄は長く伝承された．エジプトの数学は海を渡ってギリシャの哲学者を育てた．

エジプトは長く影響し続ける

　ピタゴラスは，エジプトのメンフィスの僧侶から数学を学んだと言われている．学ばれるものという意味の "Methematics"（数学）という言葉もピタゴラス学派が作ったと言われている．
　ユークリッドはエジプトのアレキサンドリアで活躍した．B.C.297 年頃，プトレマイオス 1 世がエジプトのアレキサンドリアにムセイオンという学術や芸術の学堂（研究所）を設立した．ユークリッドは，ムセイオンの数学部門の長であった．
　その後，アルキメデスもアレキサンドリアで学んだ．18 世紀末，フーリエは，エジプトで開眼した．

西洋の数学の停滞

 古代ギリシャの時代に，数学の木は枝を長く伸ばしたが，紀元後，ヨーロッパの数学は停滞した．ローマ帝国は，学問の自由な発展より，キリスト教会を基盤とした社会体制の維持に重きを置いた．

 それは，一神教の論理を重んじる彼らにとって，ゲルマン民族をはじめ，いろいろな民族の思想が入ってくるのを防ぐための保守政策であった．悲しいことに，数学や神学の歴史は，侵略と防衛，戦いの歴史でもあった．

 暗黒の時代は，西洋の数学の木が養分を蓄えるための休息期間となった．

インドで自由な宗教が育んだ数学が発展した

 一方，インドを中心とした東洋で数学が発展した．当時のインドでは，強固なカースト制があり，その制度内で，宗教は自由に発展した．

 次々と新たな神々が生み出される自由な風土で，1400年頃まで，神々と一体のインド数学が世界の数学を牽引した．

アラビアで，宗教から独立した実用的な数学が育った

 ローマ帝国の時代，アラブ諸国は，西洋から追放されたギリシャの学者を受け入れ，数学などの学術の振興に力を注いだ．その頃は，ゾロアスター教が国教であり，数学は世俗的な実用数学として発展した．

その後のイスラムの世界では，交易や徴税に役立つ天文学や数学が保護された．強固な宗教的連帯の下に，インド数学を取り入れ，宗教から切り離された実用的なアラビアの数学が発展した．

東洋と西洋の融合

　10世紀になると，東西で悲惨な戦いがあったが，交流や交易が盛んになり，東洋の思想が西洋に紹介された．
　1202年，フィボナッチが東洋の数学をヨーロッパに紹介した．それが契機となり，学問の自由化とともにヨーロッパの数学の木が目を見張る成長を遂げた．

西洋における輝かしい発展

　暗黒の時代に，政治的な支配体制に組み入れられていたキリスト教会が，神と共に在ろうとする．その時の神と自由のエネルギーによる数学の木の成長が本書の主題である．
　宗教体験を除くと，神を証明する手段は，論理学であった．それに対して，デカルト，パスカル，ライプニッツは，幾何学と最新の科学で神を証明しようとした．当時は理解されなかったが，ライプニッツは数学的な神の証明に成功した．
　一方，神から独立して，科学中心の世界を創造しようとしたグループが活躍した．アルキメデスを祖とし，ビュリダンが切り開き，科学の父と言われたガリレオ，ニュートンのグループである．彼らは，科学者が神となった今日の輝かしい科学文明を築き上げた．
　フランス革命で，第3のグループが育った．ルソーやディドロは，神やライプニッツらの数学を批判し，理性より情念を選んだ．そして，今日の大衆文化を創り出した．

足し算だけの数学

　パスカル，デカルト，ライプニッツの数学は，1+1という足し算が根本で，そこから発展して，いろいろな計算が行われる．足し算が理解できれば，そして，順を追っていけば，どんな高度な数学も理解できる．
　一方，科学者の数学は，大砲の弾道の観察から数学や科学が構築された．それは，キリスト教の修道会が経営する兵学校で発展した．

アマチュアの数学者が新時代を切り開いた

　フェルマーらは，アマチュア数学者のグループである．新しい発想は，アマチュア数学者から生まれ，プロの数学者が体系化して完成させる場合がある．
　ライプニッツは，プロの学者を目指しながらプロになれなかった，自費で研究した偉大なるアマチュア数学者である．エジプト後へ行った後のフーリエもこのグループに入る．

神と共に在った数学者たち

　足し算が数学のすべてではという，そのような単純な思いで，風土や歴史，そして数学者の両親や人柄に焦点を当てて，神学と格闘した中世，ヨーロッパの数学を紹介した．
　私見を交えず，諸文献に基づいて構成し，淡々と歴史を述べるにとどめた．神と共に在った数学者として，上巻では，オレーム，メルセンヌ，パスカル，フーリエを中心にまとめた．下巻では，ガリレオ，デカルト，ライプニッツ，ニュートンを取り上げる．

井上清博

2010年7月7日

目 次

序文 ... III

第1章 算数の基本は，整数の足し算 ... 1
1.1 足し算と抽象化 ... 1
1.2 数を表す記号を用いて，足し算の法則を表す ... 3
1.3 引き算 ... 5
1.4 掛け算 ... 7
1.5 マイナスの掛け算 ... 9
1.6 割り算 ... 11
1.7 積の表現 ... 13

第2章 いろいろな数の分類 ... 15
2.1 記数法と数列 ... 15
 2.1.1 記数法 ... 15
 2.1.2 数列 ... 17
2.2 無理数 ... 19
 2.2.1 有理数と無理数 ... 19
 2.2.2 ピタゴラスの定理 ... 21
 2.2.3 無理数の認識 ... 23
2.3 比では作れない数の証明 ... 25
 2.3.1 比では作れない数の証明 ... 25
 2.3.2 ユークリッドの互除法と無理数 ... 27
 2.3.3 互除法による無理数の証明 ... 29
2.4 虚数と複素数 ... 31
 2.4.1 実数単位と虚数単位 ... 31
 2.4.2 複素数 ... 33
2.5 指数と対数 ... 35
 2.5.1 指数関数的増加 ... 35
 2.5.2 対数 ... 37

2.6	3角関数		39
	2.6.1　丸，4角そして3角の性質が考えられた		39
	2.6.2　次元を持つ角度と無次元の角度		41
	2.6.3　角度と辺の長さの比		43
2.7	いろいろな次元を持つ数		45
	2.7.1　掛け算と単位の次元		45
	2.7.2　四元数		47

第3章　無理数を数列の足し算で表す　49

3.1	円周率		49
3.2	漸化式		51
3.3	数列の足し算		55
3.4	無限級数		59
3.5	インドで育った数学		61
	3.5.1　古代インドの宗教と数学		61
	3.5.2　アールヤバタ		64
	3.5.3　ヨーロッパより進んでいたマーダヴァの実用的な無限級数		68
3.6	無限級数		72
	3.6.1　レオナルド・ダ・ピサ（フィボナッチ）と無限級数		72
	3.6.2　ジャン・ビュリダンとニコル・オレーム		76
	3.6.3　音楽と調和級数		84
3.7	抽象次元と無限級数から求める円周率		88
	3.7.1　大陸とイギリス		88
	3.7.2　イギリスの伝統的な数学者，グレゴリー		98
	3.7.3　級数を用いた円周率の計算		106

第4章　いろいろな関数を足し算で表す　109

4.1	多項式		109
	4.1.1　数学の式		109
	4.1.2　表現と多項式		111
	4.1.3　多項式と補間		113
4.2	多項式と差分		115
	4.2.1　2次の補間法		115
	4.2.2　高次の補間法		116
	4.2.3　3次の差分		117
	4.2.4　4次の多項式で，差分の実例		119
4.3	パスカル		121
	4.3.1　第1幕，科学者としてのパスカル		121

	4.3.2　第2幕,旧勢力と対立の時	128
	4.3.3　第3幕,父との思い出の総決算：真理	142
	4.3.4　第4幕,父の呪縛から解放され自分を取り戻した	153
4.4	順列	156
4.5	組み合わせと確率	162
	4.5.1　組み合わせ	162
	4.5.2　確率	166
4.6	イギリスでべき展開級数の総まとめが行われた	168
	4.6.1　改革と平和が数学を発展させる	168
	4.6.2　ヨーロッパの数学がイギリスで総括的な完結を見た	171
4.7	フランス革命を生きた数学者	178
	4.7.1　フランス革命とその前夜	178
	4.7.2　新興ブルジョワジーの革命理論	181
	4.7.3　壊滅の危機を招く急進派によるフランス革命	188
	4.7.4　ナポレオンのフランス革命	194
	4.7.5　ダランベールが育てたダイナミズムの科学者	198
	4.7.6　時空を超えたフーリエ	208
	4.7.7　フーリエ,エジプトへ行く	227

参考文献　　　　　　　　　　　　　　　　　　　　　　　**237**

あとがき　　　　　　　　　　　　　　　　　　　　　　　**239**

索　　引　　　　　　　　　　　　　　　　　　　　　　　**240**

第1章
算数の基本は，整数の足し算

1.1 足し算と抽象化

人と動物の違いは算数から

　猿や犬の芸を見ていると，その利口さに驚かされる．利口な猿と人間では，大きな違いがないと思わせるくらいである．

　音楽や映像などの芸術活動，文化の創造性など，動物にない人間の特性は数多くある．数を数えることや足し算は，音声や画像など知的活動の基本だからである．知性の原点は算数にある．

りんごという実際のもので数と足し算を理解する

　算数の学習は，幼児の時，果物やお菓子などの数を指折り数えることから始まる．この，1，2，3，4，5，6，7 … という数は，自然数 (natural numbers) と呼ばれる．

　幼児は，実際のものを通して足し算を理解していく．例えば，リンゴ3個とリンゴ2個を足すとリンゴは5個になることを理解する．

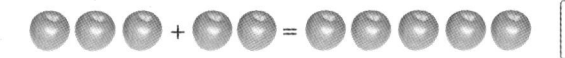

足し算をリンゴのような具体的なものから始める

　このようなビジュアル的理解は，抽象的な概念を理解するための基本であり，数学を習得する第1段階である．

実際のものを図形に置き換える

次に，リンゴやミカンという実際のものが丸や線分などの図形に置き換えられる．

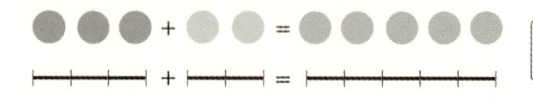

丸や線などの図形を用いて具体像を抽象化する

これらの図形を用いることによって，第2段階の抽象化がなされる．リンゴなどの実際のものと丸や線などビジュアル化された図形の関連付けが，数という抽象的な概念を育む．

数字と記号で表す事が数学の第1歩である

数学的な概念を簡潔に記述するために，数字に加えて，様々な特殊な記号が用いられる．足すことは+，等しいことは等号 = で表す．
「3足す2は5」という言葉は，これらの記号と数字を用いて

$$3 + 2 = 5$$

というように数学的な形式に置き換えられる．このように一般化して，3足す2は5という足し算を理解する．

古代には，神官が数学者であった

足し算を教えられて理解するのは，それほど難しいことではない．しかし，誰にも教えられないで，自ら考え出すのは大変なことである．
親と子どもの関係のように，古代では，神と数学者が一体であったのかもしれない．あるいは，神のような存在から，手ほどきを受けたと考えても，不自然ではない．少なくとも，古代では，神学と数学は一体であった．
足すこと (addition) と合計 (sum) は，数学的な行いとその結果である．足すことは，足し算や加法と呼ばれる．合計は，和とも言われる．

1.2 数を表す記号を用いて,足し算の法則を表す

反復練習が算数から数学への第 2 段階に導く

　足したり引いたりという生活に密着した算数には,実地訓練が不可欠である.初心の時には,足し算が間違いなく早くできるように,反復練習が行われる.具体的なものをイメージして,訓練を行っていると,いろいろな足し算に共通した抽象的な法則に気が付く.

足す順番に関する法則

　例えば,2 に 3 を足しても,3 に 2 を足しても 5 である.足し算では,このように足す順序を変えても,合計は同じであることに気が付く.これは,交換法則と呼ばれる.
　いろいろな数に当てはまる足し算の法則は,数字を表す文字に置き換えて表現される.足し算の交換法則は記号と数字を表す文字を用いて,

$$a + b = b + a$$

と表される.足し算の順序を変えても合計は同じということを記号で簡潔に表現できる.

部分的にまとめて足せる法則

　1 と 2 と 3 を足す場合,1 に 2 と 3 の合計を足しても,1 と 2 の合計に 3 を足しても 3 つの数字の合計は同じである.これは,結合法則と呼ばれる.結合法則は,特定の数字の代わりに,数字を表す文字を用いて

$$a + (b + c) = (a + b) + c$$

と文字と記号で一般化して表現できる.

りんごの数とみかんの数を合計できるか

算数の世界で，3足す2は，式を用いて，

$$3+2=5$$

と表現される．実際の応用では，単位が重要になる．例えば，りんごの足し算の場合，

$$3個+2個=5個$$

と単位をつけて書くと何を足しているかが正確に表現できる．しかし，リンゴには，フジや国光，デリシャスなどたくさんの品種がある．同じ品種でも，大きさ，形等，一つひとつ千差万別である．

では，リンゴ3個とミカン2個を足すと5個になるというのは正しいだろうか．

リンゴとミカンは足し算できるか？

いろいろなものをお金で統一的に計算できる

人間の食べ物の次にくる関心はお金である．100円のリンゴを3個と50円のハンカチを2枚買うと400円になる．

$$100円+100円+100円+50円+50円=400円$$

お金は，いろいろと異なったものに統一的な価値を与える方法の一つである．このように品物をお金という共通の価値に変換することによって，異なった種類のものを足すことができる．物々交換の社会から，貨幣社会への変遷は，算術や数学に大きな発展をもたらした．

1.3 引き算

自然に習得される引き算も食べ物から始まる

「リンゴが5個ある．2個食べると何個残るか？」引き算の第1歩は，このような具体的な物の数から始まる．これを式で表すと

> りんごを食べるとなくなるというのが引き算の原点

$$5 個 - 2 個 = 3 個$$

となる．

自然数の引き算

自然数の世界での引き算は，大きいものから小さなものを引くのが基本である．数をリンゴやミカンといった具体的な図形から，線分というより抽象的な図形に変化させる．

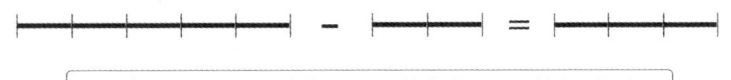

> リンゴから1歩進んで，線分を用いて抽象化し，引き算を理解する

整数は，自然数にゼロとマイナスの数が加わる

次の図は，整数の目盛りをつけた数直線上で引き算を表したものである．整数は，自然数に，ゼロとマイナスの数が付け加えられたものである．

別の言い方をすると，整数とは，0 とそれに1ずつ加えて得られる数，あるいは，1ずつ引いて得られる数である．整数は英語ではインテジャー (integer) という．完全なものという意味がある．

整数の目盛りを付けた数直線上で，5引く2は，5から左へ2つ進めば答えが得られる．このような数直線上では，小さな数から大きな数を引くこ

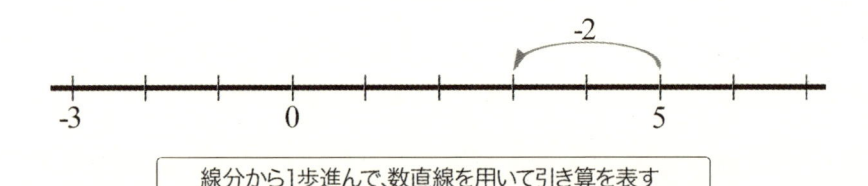

線分から1歩進んで，数直線を用いて引き算を表す

とができいわれるる．負の数はかなり古くから歴史に現れていたが，明確に理解されたのは7世紀のインドであり，神学から独立した実用数学において，負債として理解された．

引き算では交換法則や結合法則が成り立たない

引き算で，引く数と引かれる数の順序を変えると，結果が異なる．交換法則や結合法則が成り立たないことを，一般的な数を表す文字や計算の記号を用いて，

$$a - b \neq b - a, \quad (a - b) - c \neq a - (b - c)$$

と表現できる．また，整数を導入することにより，引き算も足し算に含まれるようになる．足し算から引き算を考え出すのは，正と反の関係にあることであり，人類にとって自然なことであった．

引き算 (subtraction) は減算や減法ともいう．引き算という行いの結果は差 (difference) と言われる．

1.4 掛け算

足し算と同じ意味の掛け算

　基本的に，掛け算をすることは，同じ数を繰り返して足すことである．足し算の延長であり，算術に励んだ数学者が考え出した．

　例えば，2 を 6 回足すと 12 になる．足し算では，

$$2+2+2+2+2+2=12$$

のように表す．

　同じことを掛け算では，2 の 6 倍は 12 であるといい，

$$2 \times 6 = 12$$

と表される．

　掛け算と足し算の関係は，$\sum$ という記号を用いて一般化し，

$$2 \times 6 := \sum_{k=1}^{6} 2$$

と表現される．$\sum$ は，合計を意味する．

　英語では 2 times 6 と書く．このように，掛け算の形式の方が足し算で表すより，シンプルに表現できる．コンピュータは，掛け算を足し算でこつこつと計算する．

交換すると，掛け算の意味が，厳密には違うが，同じとみなす

　英語の 2 times 6 は，

$$6+6 = 6 \times 2 = 12$$

別の表現では，

$$6 \times 2 := \sum_{k=1}^{2} 6$$

を意味する場合もある．このように，掛け算では，交換法則が成り立つ．

掛け算の法則を，より一般的に理解するために，$m \times n$ のように，数字を一般化した文字と記号で表す．交換法則は，

$$m \times n = n \times m$$

と表される．

結合法則は，

$$(l \times m) \times n = l \times (m \times n)$$

と表される．

掛け算のいろいろな表示

いろいろな掛け算の記号が用いられ，$m \times n$ は mn，$m \cdot n$，$(m)(n)$ などと書かれることもある．

いろいろな数が，アルファベットやギリシャ文字で表される．自然数は，n, m，定数や係数は，a, b, c, d，未知数や変数は，x, y, z がよく使われる．

記号化は論理学の成果

10世紀前後に，インドやアラビアで，貿易や会計に役立つ実用数学が非常に発展した．15世紀前後に，ヨーロッパのキリスト教修道会の数学研究者が，実用数学を論理的な高みに押し上げた．記号化は，実用数学の神学的な展開であり，神を論理的に証明しようとした神学の思考法が数学に応用された結果であった．

デカルトは，定数にアルファベットの初めの方のものを用い，変数にアルファベットの終わりの方のものを用いた．

掛け算 (multiplication) は乗算や乗法とも呼ばれる．掛け算の結果は積 (product) と呼ばれる．

1.5 マイナスの掛け算

いろいろな次元の掛け算を抽象化する

マイナスを負債のような実際の事象から，数学的抽象に昇華するには，中世ヨーロッパの神学集団の智慧が必要であった．彼らによって，抽象的なマイナスの概念が得られた．

プラスとマイナスの掛け算を考える

マイナスの整数をプラスの整数倍するときを考えてみる．例えば，マイナス2の3倍は

$$(-2) \times 3$$

というように表示される．これは，-2 を3回加えるから -6 になるというように足し算に置き換えることができる．

$$(-2) \times 3 = (-2) + (-2) + (-2) = -6$$

次に，プラスの整数をマイナスの整数倍するときを考えてみる．例えば，

$$3 \times (-2)$$

は，交換法則を用いれば，先の式と同じになる．だから，その積は -6 になるということができる．

交換法則を用いないで，マイナス2倍することは，3を2回引くことだと考えることもできる．

$$3 \times (-2) = -3 - 3 = -6$$

これは，

$$(-3) + (-3) = -6$$

というようにマイナスの数の足し算の形にできる．

マイナスの数をマイナス倍するとき

マイナスの数掛けるマイナス数の場合を考えてみる．

$$(-3) \times (-2)$$

マイナス 3 を 2 回引くことと考えると，

$$(-3) \times (-2) = -(-3) - (-3) = 6$$

となる．

次元が変わる厳密な掛け算

2 つの数の掛け算を，2 つの整数の軸の掛け算による面積を表すものとすると，デカルトの座標を用いて 4 つの領域に分けられる．

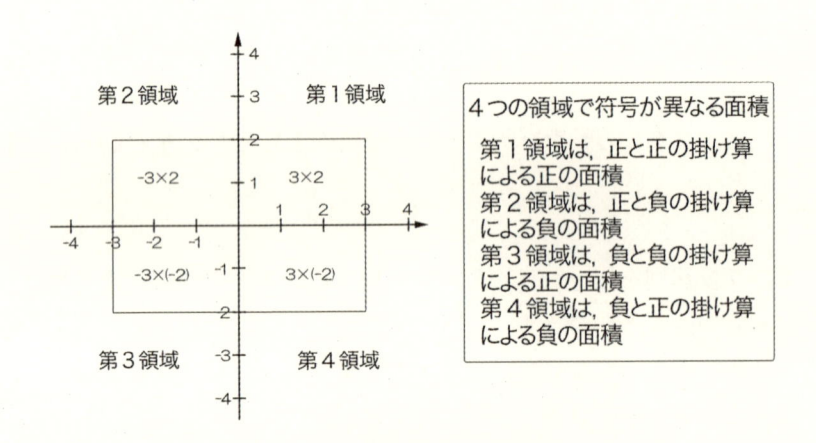

抽象化され，統合された数学では，第 1 領域の面積と第 3 領域の面積は，どちらも正であり，その大きさに区別はない．しかし，厳密な次元を考えた場合には，マイナスとマイナスを掛けたプラスと，プラスとプラスを掛けたプラスは違った性質であることは明白である．

1.6 割り算

自然数の割り算

例えば，7個のリンゴがあるとする．これを3人の子どもで分ける．1人2個ずつ取ると，1個残る．このような計算が自然数の割り算の始まりであった．

7個を全体の量とし，全体の量割る人数が基準となる量になる．

$$7 \,(全体の量) \div 3 \,(人数) = 2 \,(基準となる量) \cdots 1 \,(余り)$$

このように基準となる量を求める割り算は，等しく分ける場合で，等分除と呼ばれる．

7個のリンゴを3人で分けると2個づつになり、1個あまる

自然数の割り算を整数の割り算に拡張する

整数を表す文字 m, n, q, r を用いて，整数の割り算は，

$$m \div n = q \cdots r$$

のように表される．m を被除数 (dividend)，n を法数または法 (divisor, module)，q を商 (quotient, modulo) と言う．r は剰余 (remainder, residue) である．

この式を掛け算の形に書き換えると

$$m = qn + r \quad 0 \leq r < n$$

となる．

整数の割り算を有理数まで拡張する

　有理数 (rational number) とは，2つの整数 a と b を用いて a/b という分数で表わせる数の事である．有理数は，小数になる場合，有限小数または循環小数となる．

　"rational" は，「理に叶った」という意味があり，「有理数」と訳された．訳語には限界があり，日本語訳からは，理にかなうことが比 (ratio) と関係するという西洋の考え方が見えてこない．

　有理数の全体で，足す，引く，掛ける，割るの四則演算が行える．ただし，0で割ることは許されない．

残りの1個を3人で分ける

　商が有理数であるとすることにより，剰余の概念は取り除かれる．割り算は，$a \div b$，$\frac{a}{b}$，a/b，$^a/_b$ などと表される．

　割り算では，交換法則が成り立たない．

$$a \div b \neq b \div a$$

有理数が導入されると，割り算を掛け算に変換できる

　有理数を用い，割り算を掛け算に変換できる．掛け算は，足し算に変換できるので，割り算も整数の足し算に変換できる．整数と有理数の範囲では，4則演算を足し算に変換して計算することが可能である．

　有理数は，数学と宗教が一体であった古い時代から認識されていた．そして，割り算は，算術によって発展した．

　割り算 (division) は除算や除法ともいう．

1.7 積の表現

掛け算の記号×を省略してシンプルに表す

非常に長い式や複雑な式，さらには，無限に続く式などを特別な記号や約束を用いて，簡潔に表すことができる．例えば，同じ数の足し算は，掛け算で計算でき，掛け算の×を省略して表現できる．例えば，

$$2a = a \times 2 = a + a$$
$$3a = a \times 3 = a + a + a$$
$$4a = a \times 4 = a + a + a + a$$
$$na = a \times n = a + \cdots + a \ (n\,回)$$

のように表現される．

同じ数字を掛けるときは指数の形でシンプルに表現できる

同じ数を何度も掛けることは，累乗 (exponentiation) と呼ばれる．

$$a^2 = a \times a$$
$$a^3 = a \times a \times a$$
$$a^4 = a \times a \times a \times a$$
$$a^n = a \times \cdots \times a \ (n\,回)$$

a は，底または基数 (base) と呼ばれる．n はべき指数，または単に指数と呼ばれる．

階乗

nが自然数であるとき，1からnまでのすべての自然数の積を階乗という．例えば，4の階乗 (4!) は，

$$4! = 1 \times 2 \times 3 \times 4 = 24$$

となる．

総乗

総乗とは，積が定義される集合族の直積や数列の積 (product) を表す．数列を掛けたもので，ギリシャ語の積の頭文字 パイの大文字を使って総乗を表す．例えば，数列 a_n の n が 1 から N までの総乗は

$$\prod_{n=1}^{N} a_n = a_1 \times a_2 \times a_3 \times \cdots \times a_N$$

と表現できる．

無限に掛け続ける場合は，無限乗積とか無限積 (infinite product) と呼ばれる．例えば，数列 a_n の n が 1 から無限までの総乗は

$$\prod_{n=1}^{\infty} a_n = a_1 \times a_2 \times a_3 \times \cdots$$

のように表される．次のような総乗で表される有名な公式がある．

$$\frac{\pi}{2} = \frac{2}{1} \times \frac{2}{3} \times \frac{4}{3} \times \frac{4}{5} \times \frac{6}{5} \times \frac{6}{7} \cdots = \prod_{n=1}^{\infty} \left(\frac{4 \times n^2}{4 \times n^2 - 1} \right)$$

階乗と総乗の関係は，

$$n! = \prod_{k=1}^{n} k \quad n \geq 1$$

となる．

第2章

いろいろな数の分類

2.1 記数法と数列

2.1.1 記数法

10より大きな数を表す知恵

1から始まって，9の次は10になる．10になると，位が1つ上がり，2桁になる．99の次は100になって，位が1つ上がり，3桁になる．このような位取りで，大きな数字を分かりやすく表現できる．

紀元前14世紀に，中国で，10^nで位が上がる十進位取り記数法（十進法:decimal notation）が用いられていた．紀元前1世紀には，小数の記数法も考え出された．

インドで，0から9の10個の数字が用いられ，数字を並べるだけで数を表し，位取りと桁数が対応した．そして，数字を並べただけで，位取りの約束に合った読み方をするようになった．

いろいろな位取りの約束

同じように，数字が並んでいても，位取りの約束が変わると，違う数になる．一進数は，1つの数字だけで表される．これは，リンゴを図で描いて数を表すような世界である．リンゴの位置を入れ替えても数字の大きさは同じで，リンゴを配置する順序は数字の大きさに関係しない．

二進数では，2つの数字，例えば0と1が必要になる．

十六進数では，16個の数字が必要となるので，10個のアラビア数字に加えて，6個のアルファベット(A,B,C,D,E,F)が数字として用いられる．

いろいろな位取り記数法の相互の関係

二進数，十進数，十六進数の記数法による，記数の例を表にした．

二進法	十進法	十六進法	二進法	十進法	十六進法
1	1	1	1001	9	9
10	2	2	1010	10	A
11	3	3	1011	11	B
100	4	4	1100	12	C
101	5	5	1101	13	D
110	6	6	1110	14	E
111	7	7	1111	15	F
1000	8	8	10000	16	10

十進法の1はどの記数法でも1である．十進法の2は，二進法では10と記される．十進法の10は，二進法では1010，十六進法ではAと記される．

ライプニッツが予言しコンピュータが実現した

17世紀に，ピタゴラス的な考えから，四進法に基づく四進数が紹介された．ライプニッツは，より少ない数字からなる二進数の二進法を紹介し，その意義と有用性を力説した．

その有用性が証明されたのは，20世紀になって，コンピュータが発明された時である．コンピュータは，計算のスピードが速いので，二進数の0と1だけで，桁が大きな計算を素早くできる．さらに，論理計算，音楽の記録や再生，作曲，画像処理等々，実用的な多くの事ができる．

コンピュータのように，計算のスピードが速く，数字の数が多くても問題なく，数字の種類が少ない方が有利である場合に，二進数が用いられる．

2.1.2 数列

数字が規則的に並んで作る数と数が並んで作る数列がある

古代から，数を規則的に並べて，数の規則的な集まりの性質を考えることが行われていた．ある一定の規則にしたがって並べられた数の連続 (progression, sequence) を数列という．数列は，自然数 1, 2, 3... に 1 つずつ数を対応させることによって得られる．終わりがあるかどうかにより有限数列と無限数列がある．

数列の一つひとつのまとまりは項 (term) と呼ばれる．

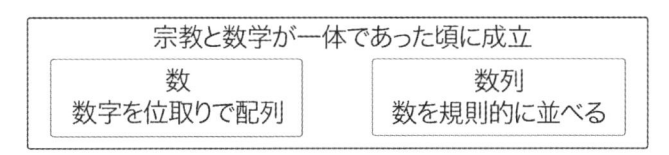

```
            宗教と数学が一体であった頃に成立
    ┌─────────────┐      ┌─────────────┐
    │     数      │      │    数列     │
    │数字を位取りで配列 │      │数を規則的に並べる│
    └─────────────┘      └─────────────┘
```

ある項に一定の数を足して次の項を作る等差数列

等差数列の例として，
  1, 2, 3, 4, 5 …
  2, 4, 6, 8, 10 …
  18, 15, 12, 9, 6 …
などがある．

それらの例のように，連続する 2 つの数の差が一定である数列を等差数列 (arithmetic progression) という．等差数列の n 項を a_n とすると，n 項と $n+1$ 項の関係は，

$$a_{n+1} - a_n = d$$

であり，d を公差 (common difference) という．

ある項に一定の数を掛けて次の項を作る等比数列

等比数列の例としては，
  1, 2, 4, 8, 16 …
  243, 81, 27, 9, 3 …
などがある．

それらの例のように，隣り合う2つの数の比が一定である数列を等比数列 (geometric progression) という．等比数列には，

$$\frac{a_{n+1}}{a_n} = r$$

という関係があり，r を公比 (common ratio) という．

神学と数学が一体であった頃からの等差数列と等比数列

数列の起源は，古代バビロニアや古代エジプトまでさかのぼることができる．今から 4000 年ぐらい前に，既に等差数列や等比数列が知られていたのは驚きである．

数学定数 e は，等差数列と等比数列を並べて作られた

17 世紀に，ネイピアは，等差数列と等比数列を対応させ，ネイピア数や対数を発見した．ネイピア数は，数学定数の1つで，自然対数の底として現れた．

ヤコブ・ベルヌーイが，数列からネイピア数の値を求めた．ライプニッツが，自然対数の底に，定数記号 b を最初に付けた．後に，オイラーは，自然対数の底に，e という定数記号を用いた．

$$e = 2.718281828459045\cdots$$

2.2 無理数

2.2.1 有理数と無理数

無理数を理解するために有理数を再確認する

　有理数 (rational number) とは，2つの整数の比 (ratio) の形で表すことができる数の総称である．英語の "rational" には「比の」という意味と「合理的な」という意味がある．

　有理数は整数または分数であり，2つの整数 m, n（ただし n は0ではない）を用いて，

$$\frac{m}{n}$$

という分数 (fraction) の形で表せる．このように，代数的に定義される有理数は代数的数（algebraic number）である．

有理数の集合は体 (field) を構成する

　すべての有理数の集合は，商 (quotient) の頭文字をとって Q という記号で表される．集合に属するための条件を明示する集合の内包的記法を用いて，

$$Q = \left\{ \frac{m}{n} \mid n, m \in Z, n \neq 0 \right\}$$

と表記される．Z は整数の集合である．

　有理数は，いろいろな形式で書ける．

$$\frac{1}{2} = \frac{2}{4} = \frac{4}{8}$$

分子は英語で "Numerator"（計算者，計算器という意味がある），分母は英語で "Denominator"（共通の特徴，基準という意味がある）という．分数は，次のように変形できる．

$$\frac{a}{b} + \frac{c}{d} = \frac{ad+bc}{bd} \quad \frac{a}{b} - \frac{c}{d} = \frac{ad-bc}{bd} \quad \frac{a}{b} \times \frac{c}{d} = \frac{ac}{bd} \quad \frac{a}{b} \div \frac{c}{d} = \frac{ad}{bc}$$

無理数とは，有理数でない実数である

無理数 (irrational number) は，整数 m と n を用いて $\frac{m}{n}$ という分数の形で書けない数である．無理数は，十進法や二進法など，どんな位取りの記数でも，終わりがない，繰り返しがない無限小数になり，周期的なパターンにならない．

4 角形の対角線から，無理数が姿を現してくる

紀元前 600 年頃にインドで書かれたシュルヴァスートラ（Sulba Sutras, rule of chords）は，繊維（綱）を数学の道具として用いた古代の数学書である．その中で，「長四角の対角線（が作る正方形の面積）は，長辺と短辺が別々に作る両者を合わせたものを作る（2 つの正方形の面積の合計と等しい）」と記されている．

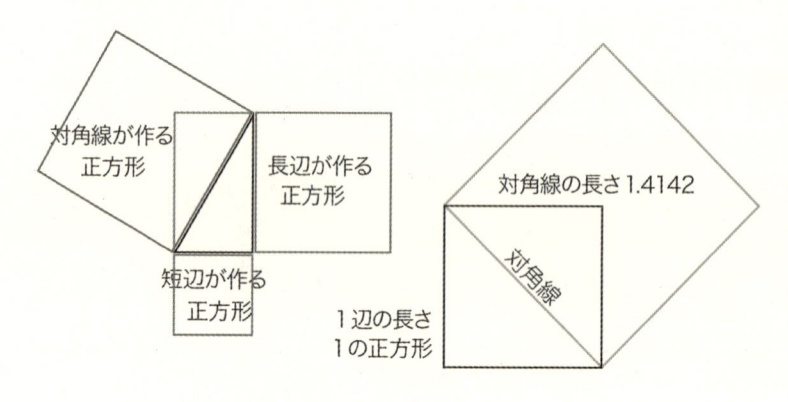

そして，正方形の対角線は，その正方形の 2 倍の面積の正方形を作り，1辺が 1 の正方形の対角線は，

$$1 + \frac{1}{3} + \frac{1}{3 \times 4} - \frac{1}{3 \times 4 \times 34} = 1.4142156\cdots$$

に等しいと述べ，無理数の近似値が記された．

2.2.2 ピタゴラスの定理

ピタゴラスは万物の根源は「数」であると唱えた

ピタゴラス (Pythagoras，紀元前 582 〜 紀元前 496 年) は，ギリシャのサモス島 (Samos Island) で生まれた．サモス島は，エーゲ海 (Aegean Sea) の東にある．父の Mnesarchus は，商人か宝石細工師であったと思われる．母は "Pythias" という名であった．

タレスから万物の根源は「水」という科学的な考え方を学んだ

ピタゴラスは，ミレトス学派のタレス (Thalēs) をはじめ，いろいろな哲学者から哲学を学んだ．タレスは，エジプトで数学や天文学を学んだ．万物の根源から，神話を排除し，万物の根源は「水」であると考えた．それは，仮説であった．

それまでは，宇宙の創造主は神であったが，ミレトス学派 (Milesian school) は，宇宙の根源を物理的なものに求めた．科学的宇宙論のはしりである．科学者の説は，仮説と証明からなり，後世にそれに反した事実が発見されると，その説は訂正される．そのようにして，科学は進歩してきた．

教団をつくって，数学を説いた

その後，ピタゴラスは，エジプト (Egypt) やバビロン (Babylon) などで数学や天文学を学んだ．神学や宗教儀式をエジプトで学び，修行した．

ギリシャの植民都市クロトン (Croton) に移り，財産を共有し，共同生活を送る教団をつくった．クロトンは，現在のイタリアの南にある都市，クロトーネ (Crotone) である．菜食主義で，断食や瞑想を行った．「魂の浄化」と「数学の研究」が行われたと推察される．

ピタゴラスは，自分の数回の前世を知っていた

ピタゴラスは，輪廻転生 (transmigration of the soul, reincarnation, metempsychosis) を認識していた．そして，万物の根源（アルケー）となるものは数であるという考え方に立った．

直角3角形から導かれたピタゴラスの定理

ピタゴラスの定理 (Pythagorean theorem or Pythagoras'theorem) は，直角3角形の3つの辺の関係を表す．ユークリッド空間で，直角3角形の直角をはさむ2辺の長さを a と b とし，斜辺の長さを c とすると，

$$a^2 + b^2 = c^2$$

という関係がある．

そのような関係にある正の整数の組は，ピタゴラス数と呼ばれる．下の図のような直角3角形の3つの辺の長さの割合，3:4:5は，古くから知れれている最も簡単なピタゴラス数である．

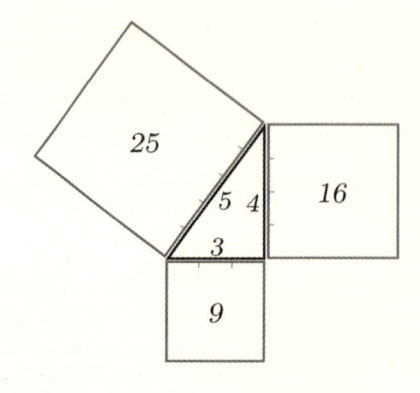

3:4:5という3つの数字がピタゴラス・トリプル

2.2.3 無理数の認識

ソクラテスは口承を重視した

ソクラテス (Sōkratēs，紀元前 469 年頃 〜 紀元前 399 年) は，古代ギリシャのアテナイに生まれた．父は石工で，母は助産婦であった．口承を重んじ，文字で記録を残さなかったので，正確なことは分からない．

弟子のプラトン (Plato，紀元前 427 〜 紀元前 347 年) やクセノポン (Xenophon，紀元前 427 年頃 〜 紀元前 355 年頃) の著作によって，その行いや考え方が後世に伝えられた．

プラトンの時，学校で，口承から文字による伝承へと変化した

プラトンは，アテナイ（アテネの古名 (Classical Athens)）で，王の血を引く貴族の子として生まれた．彼は，ソクラテスの弟子となり，紀元前 387 年，アテナイの郊外に哲学，数学などを教える学校，アカメディア (Platonic Academy) を設立した．口承伝承のソクラテスと異なり，国家論，法律論など多くの著作と書簡を残した．その 1 つの『ティマイオス』は，ソクラテス，ティマイオス，クリティアス，ヘルモクラスの対話形式の著作である．

プラトンの考えた宇宙の創生と輪廻転生

ティマイオスが，宇宙の創生について語るが，前置きで，それは完璧なものでないことを断っている．彼は，宇宙は火，水，土，空気からできていると説明した．宇宙の創生を「神は可触的な土と可視的な火から万有を作った．そして，火と土の間に水と空気を置いた．それらを同じ比例であるようにした」と語った．

「火は立体であり，土は立体である．立体と立体を結びつけるものは，常に 2 つの中間枝であるから，水と空気の 2 つが必要であった．それは，美しい紐のようなものである」と要素の相互作用を説明した．

ティマイオスは，さらに「不可分な存在と可分な存在の間に第3の存在を比例に基づいて作った．天は可視的なものであり，魂は不可視的なものである」と説明し，存在するあらゆるものについて，その法則を語った．
　まさに，それは，科学書のようであるが，それは正確ではないと非難できない．その理由は，完璧でないと初めに断っているからである．

プラトンの聞いた話としての輪廻転生

　最後に，ティマイオスは，「男に生まれたが臆病で不正な生活を送るものは，蓋然的な話によれば，次の世には女に生まれ変わる [11] 」と輪廻転生の話をした．随分失礼な説であるが，プラトンのいう輪廻転生は，そういう話があるというだけで，本人の体験いっているわけではない．
　ソクラテスの弟子のクセノポンは傭兵となった．プラトンの弟子のアリストテレスは，そこで学び，教師となり，たくさんの重要な著作を残した．

口承の利点と欠点

　一般に，口承は文字に記録する文化がない時代に用いられた伝承方法で，文字文化より劣ったものと考えられている．しかし，口承は，感情など形而上学的な背景も含めて正確に伝承できるという利点があるとソクラテスは考えた．当時，文字による伝達手段はあったが，ソクラテスは文字にしなかった．
　口承の欠点は，受け継ぐ人がいなくなることである．特に，科学が発達し，多忙な時代になると，口承の時間がなくなり，文字に頼るほかなくなった．
　文字伝承の長所は，記録が正確に長く残ることである．一方，文字伝承の第1の欠点は，筆者に体験がない伝え聞いた話を書く場合，正確でなくなることである．例えば，プラトンが書いたソクラテスは，プラトンが認識したソクラテスであり，実際のソクラテスではない．第2の欠点は，読者に同じ体験がない場合，筆者の意図と異なった解釈をすることである．

2.3 比では作れない数の証明

2.3.1 比では作れない数の証明

平方根から無理数が認識される

ある数の2乗がaに等しいとき，ある数をaの平方根（Square root）という．平方根は，自乗根や2乗根ともいわれる．

1つの正の数に対して，その平方根は正と負の2つがある．正の平方根を$\sqrt{a}$と書く．aは正の実数で，$\sqrt{}$は根号（root）といわれる．

古代ギリシャのピタゴラスは，無理数，$\sqrt{2}$を認識していた

無理数の代表的なものが，2等辺の長さが1の直角2等辺3角形の斜辺の長さである．3平方の定理の式に代入すると，

$$(斜辺の長さ)^2 = 1^2 + 1^2 = 2 = \left(\sqrt{2}\right)^2$$

となり，斜辺の長さが無理数$\sqrt{2}$になる．

無理数を説いた人びと

ピタゴラスをはじめとして，プラトンの師のテオドロス（Theodorus, 紀元前465年頃 〜 紀元前398年頃），原子論のデモクリトス（Democritus, 紀元前460年頃 〜 紀元前370年頃），プラトン，テオドロスやプラトンに学んだテアイテトス（Theaetetus, 紀元前417年頃 〜 紀元前369年頃），エウドクソス（Eudoxus, 紀元前410年頃 〜 紀元前347年頃），アリストテレス（Aristotle, 紀元前384年頃 〜 紀元前322年頃），ユークリッド（Euclid）らが，$\sqrt{2}$や$\sqrt{5}$などが無理数であることを認識していた．

プラトンは，『テアイテトス』で，テオドロスやテアイテトスが無理数を知っていたことを紹介した [12]．

$\sqrt{2}$ が無理数である証明の例

斜辺の長さが，有理数であるとすると，斜辺の長さは 2 つの整数の比 $\frac{n}{m}$ で表すことができる．ただし，$\frac{n}{m}$ を既約分数 (reduced fraction) とする．

$$\sqrt{2} = \frac{n}{m} \implies 2 = \left(\frac{n}{m}\right)^2$$

これを次のように変形する．

$$n^2 = 2m^2$$

① n が奇数とすると，奇数掛ける奇数は奇数であるので，n^2 は奇数である．これは，右辺と矛盾 (contradiction) である．
② n が偶数とすると，

$$n^2 = 2l \times 2l = 2m^2$$

と表される．約分すると，

$$2l^2 = m^2$$

となり，m^2 は偶数であることになり，したがって m は偶数である．

n と m の両方が偶数であると，共通の約数 (common factor) である 2 が存在することになる．すると，$\frac{n}{m}$ が既約分数でなくなり，矛盾である．

したがって，$\sqrt{2}$ は自然数の比では表せない無理数である．現在では，実数の多くが無理数であることが分かっている．

2.3.2 ユークリッドの互除法と無理数

長方形を正方形で覆い尽くす最古の計算アルゴリズム

ユークリッドの互除法 (Euclidean algorithm) は，紀元前 300 年頃に書かれたユークリッドの『原論』"*Elements*" に記載されている．それは，最大公約数 (greatest common divisor) を求めるアルゴリズムである．

そのアルゴリズムは，2 つの自然数 a と b から始まる．まず，a を b で割り，余りを求める．次に，b を a とし，余りを b とする．これを繰り返し，b が 0 になった時の a が最大公約数である．

例として，15 と 6 の最大公約数を求める

ユークリッドの互除法のアルゴリズムにしたがって，最大公約数を求める．

過程	a	b	備考
0	15	6	大きい数字を a，小さい数字を b とする．
1	15	6	15 割る 6 を計算し，余り 3 を求める．
2	6	3	前の b を a とし，余りを b とする．
3	6	3	6 割る 3 を計算し，余り 0 を求める．
4	3	0	前の b を a とし，余りを b とする．b が 0 なので終了する．

2 つの自然数を縦軸と横軸に配置すると視覚的に分かりやすくなる

ユークリッドの互除法の過程を視覚的に表す．第 0 過程として，1 つの長方形を描き，長い辺を 15，短い辺を 6 とする．第 1 過程として，図のように長方形の中に 1 辺が 6 の正方形を 2 つとる．すると，辺の長さが 3 と 6 の長方形が残る．第 2 過程として，残った長方形の長い辺 (6) を a，短い辺 (3) を b とする．第 3 過程として，1 辺が 3 の正方形を 2 つ作る．その正方形で覆い尽くされるので，3 が最大公約数であることが分かる．

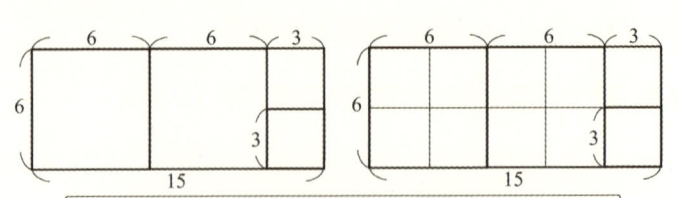

足し算の考え方が重要な互除法を視覚的に表した図：
1辺が6の正方形が2個、3の正方形が2個からできている

例として，15 と 4 の最大公約数を求める

次の表のように，ユークリッドの互除法のアルゴリズムにしたがって，15 と 4 の最大公約数が 1 であることが分かる．

過程	a	b	備考
0	15	4	15 を a，4 を b とする．
1	15	4	15 割る 4 を計算し，余り 3 を求める．
2, 3	4	3	b を a とし，余りを b とし，4 割る 3 を計算し，余り 1 を求める．
4, 5	3	1	b を a とし，余りを b とし，3 割る 1 を計算し，余り 0 を求める．
6	1	0	前の b を a とし，余りを b とする．b が 0 なので終了する．

アルゴリズムの過程を図で視覚的に表すと，

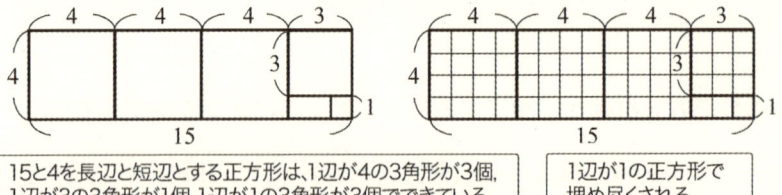

15と4を長辺と短辺とする正方形は、1辺が4の3角形が3個、
1辺が3の3角形が1個、1辺が1の3角形が3個でできている

1辺が1の正方形で
埋め尽くされる

となり，長方形が，いろいろな大きさの正方形で覆い尽くされる．

2.3.3 互除法による無理数の証明

互除法による，$\sqrt{2}$ が無理数である視覚的証明

$\sqrt{2}$ が無理数である証明は，いろいろ考え出された．その１つとして，互除法を用いて，$\sqrt{2}$ が無理数であることが証明された．

長方形の１辺が無理数とした互助法の視覚的な過程を図に示した．互助法の第 0 過程の a が $\sqrt{2}$，b が 1 とする．図のように，第 1 過程の b_1 は，

$$b_1 = \sqrt{2} - 1$$

となる．

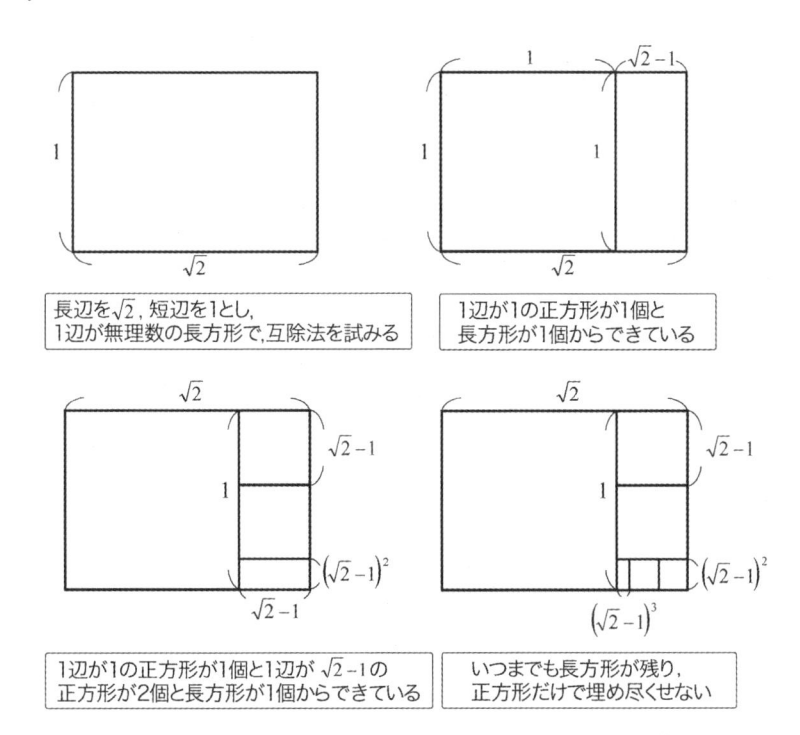

長辺を$\sqrt{2}$, 短辺を1とし，
1辺が無理数の長方形で，互除法を試みる

1辺が1の正方形が1個と
長方形が1個からできている

1辺が1の正方形が1個と1辺が$\sqrt{2}-1$の
正方形が2個と長方形が1個からできている

いつまでも長方形が残り，
正方形だけで埋め尽くせない

第 2 過程の b, b_2 は,

$$b_2 = 1 - \left(\sqrt{2} - 1\right) - \left(\sqrt{2} - 1\right) = \sqrt{2}\left(\sqrt{2} - 1\right) - \left(\sqrt{2} - 1\right)$$
$$= \left(\sqrt{2} - 1\right)^2$$

となる．これを n 回繰り返すと

$$b_n = \left(\sqrt{2} - 1\right)^n$$

となり，永遠に続く．

互除法による，$\sqrt{2}$ が無理数である論理的証明

初めに，$\sqrt{2}$ が，

$$\sqrt{2} = \frac{n}{m}$$

で，近似される有理数であると仮定する．もし，有理数であれば，最大公約数が求められるはずである．

すると第 1 過程の b_1 は，

$$b_1 = \sqrt{2} - 1 = \frac{n - m}{m}$$

と表され，これも有理数であることになる．

第 n 過程の b_n は，

$$\left(\sqrt{2} - 1\right)^n = \left(\frac{n - m}{m}\right)^n$$

と表され，これも有理数であることになる．

この割合で小さくなる長方形は無限にできる．このことは，分母の m が決して求められないことを意味する．したがって，$\sqrt{2}$ は

$$\sqrt{2} = \frac{n}{m}$$

と表すことができず，無理数であることが分かる．

2.4 虚数と複素数

2.4.1 実数単位と虚数単位

実数単位の掛け算

実数の定義は，いろいろあるが，ここでは，有理数と無理数を合わせたものとする．

1.5 章で，プラスやマイナスの 2 つの実数軸の掛け算を図にした．それは，4 つの領域を形成した．基本単位の 1 で，同じ内容を下の左の図に示した．2 元の実数軸を明示した場合を下の右の図に示した．

+1 掛ける +1 は +1 である．−1 掛ける −1 は +1 である．積が −1 になるのは，+ と − が掛け合わされた場合である．

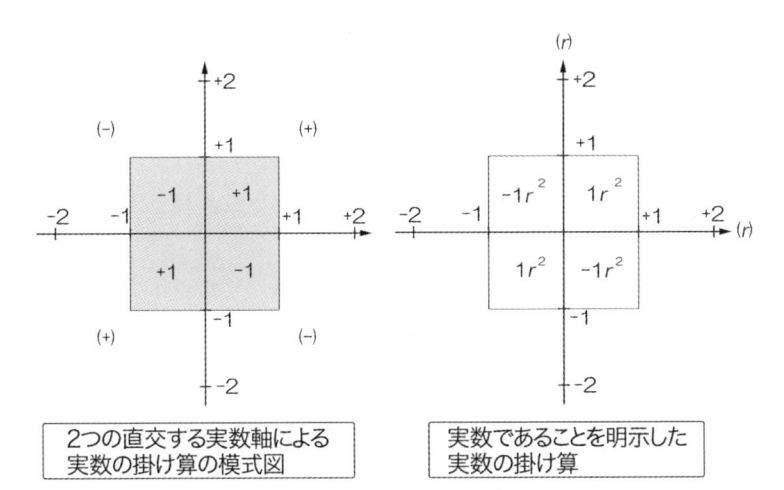

| 2つの直交する実数軸による実数の掛け算の模式図 | 実数であることを明示した実数の掛け算 |

普段は目立たない実数単位

実数の基本単位は r である．通常は，実数単位は省略されているが，実数単位を明記することにより，$r^2 = 1$ という実数の次元の性質を明確にす

ることができる．

拒否され続けた虚数単位

古くから，2乗してマイナスになる数は出現し，認識されていたにもかかわらず，公認はされなかった．近世になって，ようやく虚数単位 i (imaginary unit) を持つ，

$$i^2 = -1$$

という新しい数が公認された．虚数単位は通常 i が使われ，必要に応じて j や k や l などが用いられる．

純虚数同士の掛け算

$2i$ など，bi (b：実数, $b \neq 0$) は純虚数といわれている．虚数を2元化した図を下に示した．$+1i$ 掛ける $+1i$ は -1 である．$-1i$ 掛ける $-1i$ は -1 で同じである．しかし，図にするとそれらの領域は異なる．

積が $+1$ になるのは，$+$ と $-$ の純虚数が掛け合わされた場合である．

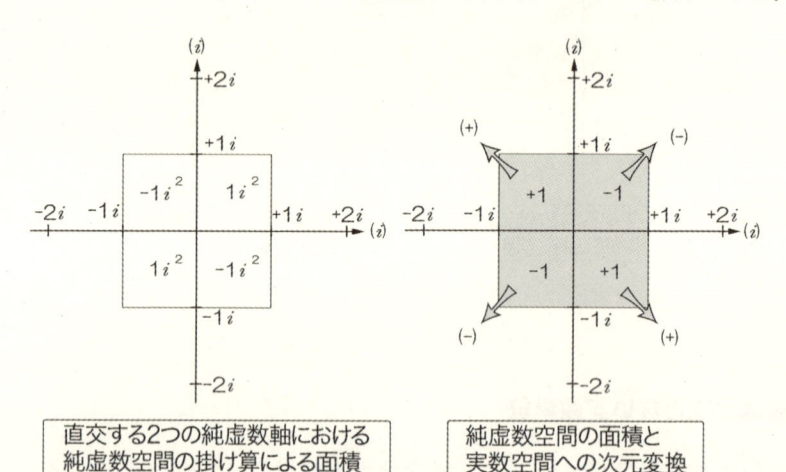

| 直交する2つの純虚数軸における
純虚数空間の掛け算による面積 | 純虚数空間の面積と
実数空間への次元変換 |

2.4.2 複素数

解が実数の最も簡単な 2 次方程式

最も簡単な 2 次方程式として，次のような方程式が考えられた．

$$x^2 - 1 = 0$$

これを移項し，平方根から解を求めると，

$$x^2 = 1$$
$$x = \pm\sqrt{1} = \pm 1$$

となる．

虚数は，まず，方程式の解に現れた

次に，それと類似の方程式，

$$x^2 + 1 = 0$$

を考える．先と同様に x を求めると，

$$x^2 = -1$$
$$x = \pm\sqrt{-1} = \pm i$$

となる．その解は，2 乗して -1 になる数であり，逆にいうと，-1 の平方根である．

3次方程式の解にも虚数が現れる

16世紀のイタリアでは,数学の問題を解く試合が行われた.フロリドとタルタリアの3次方程式の解を求める勝負は有名である.フロリドは師のフェッロに3次方程式を解く方法を教わっていた.

一方,タルタリアは,自ら3次方程式を解く方法を考え出した.この時代の3次元方程式の解に虚数が現れたが,その後300年間ほど,虚数は無視され続けた.

デカルトは虚数に否定的で,ライプニッツは認めていた

17世紀のデカルトは,座標によって代数的に図形を表す解析幾何学を始めた.2つの実数を平面で表すデカルト座標が有名である.彼は,虚数という言葉を初めて使用したが,作図ができないということで,否定的であった.

一方,ライプニッツは,虚数に肯定的であった.

虚数は複素数の1つ

虚数 (imaginary number) は,その平方が負の実数である虚数単位を含む複合的な数,複素数 (complex number) である.

虚数は,

$$a + bi \qquad (b \neq 0)$$

のように表される.a と b は実数 (real numbers) である.a は実部 (real part), b は虚部 (imaginary part) と呼ばれる.

先に述べたように, bi $(b \neq 0)$ は純虚数である.

これは,自然数,整数,無理数,有理数の範疇にない数であった.今では,このような虚数の存在が認められている.

2.5 指数と対数

2.5.1 指数関数的増加

指数とは

e^a のような形が累乗 (exponentiation) または，べき乗 (power) の形である．数字または文字の右肩に数字（または数字を表す文字）を付けて何乗かを表す．この右肩の数字や文字を英語で "exponent"，日本語で「指数」という．古くは「べき指数」と正確に呼ばれていた．

指数の計算

どのような数に対しても，1 乗は，元の数のままである．

$$a^1 = a$$

どのような数に対しても，0 乗は，1 である．

$$a^0 = 1$$

ただし，0 の 0 乗は定義できないと考える場合もある．$a^2 = a \times a$ は平方，$a^3 = a \times a \times a$ は立方と呼ばれる．

−1 乗のような負のべき指数は

$$a^{-1} = \frac{1}{a}$$

のようになる．指数は次のような性質がある．

$$a^{n+m} = a^n \cdot a^m, \quad a^{n-m} = \frac{a^n}{a^m}, \quad (a^n)^m = a^{n \cdot m}$$

指数的な増加とは，急増することをいう

　日本語の指数という言葉には，「指数＝インデックス (index) という意味」と「累乗を表すもの (exponent) という意味」の2つがある．インデックスは，物価指数 (a price index)，不快指数 (the discomfort index) などと使われる．物価や不快さを指し示す言葉という意味である．

　英語の累乗を表す "exponential"（指数の）は，一般的には，「急増（急成長）する」とか「急激な」という意味の形容詞で使われる．英語では，数学の用語の意味が日常で使う言葉に近く，その意味を理解しやすい．

指数関数的増加の例

　古代から，子孫が増える，家畜が増える，領地が増える等々，人間はいろいろなものを増すことに関心があった．現代では，株などの資産を増やすことに関心を持っている人が多くなり，資産運営が一般化してきた．

　例えば，倍々に増えていく変化は，細胞分裂など自然現象でも例が多い．1枚が2枚，2枚が4枚…と紙を半分に切っていった時の数で具体的にイメージできる．その数列は，1, 2, 4, 8, 16, 32, 64, 128…である．

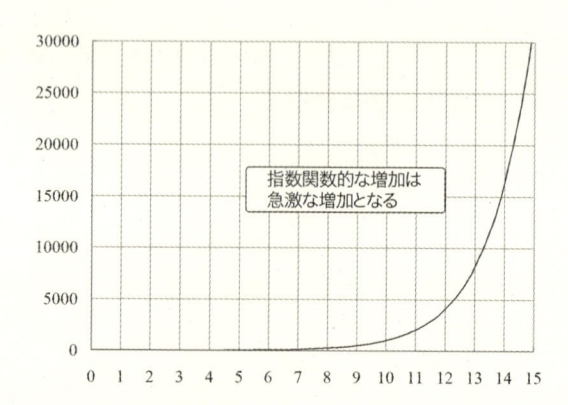

指数関数的な増加は急激な増加となる

2.5.2　対数

信仰と数学に生きたアマチュア数学者のネイピア

16 世紀末，ネイピアが手間がかかる掛け算を簡易な足し算に変換して行う方法を考案した．長年をかけて，自然対数の表を作り上げた．

工学の解析などでは，ネイピア数を底とした対数が用いられる．双曲的対数であり，自然対数 (natural logarithm) とか，ネイピアの対数 (Napierian logarithm) と呼ばれる．

10 を底とする対数表が作られた

17 世紀の初め，大学教授のブリッグスは，自然対数より分かりやすく，計算により役立つ 10 のべき乗の対数表を作った．天体の軌道計算など，大きな数の計算に貢献した．

自然対数より一般的な 10 を底とする対数は，ブリッグスの対数 (Briggsian logarithms) とか，常用対数 (common logarithm) と呼ばれる．

2 を底とする対数表は情報工学に用いられる

数学の解析や情報の分野などで，2 を底とする対数 (binary logarithm) が用いられる．

例えば，図に示したような 2 のべき乗の表を作る．表の 1 行目が 2 のべき指数の値で，2 行目がべき乗の値である．

0	1	2	3	4	5	6	7	8	等差級数
1	2	4	8	16	32	64	128	256	等比級数

等差級数と2のべき乗の等比級数を対応させた表

この表を用いて 4 かける 64 を計算する．下の行で 4 を探して，その上の行を見ると 2 である．下の行で 64 を探して，その上の行を見ると 6 で

ある．2と6を足すと8である．上の行で8を探し，その下の行を見ると256である．これが，4×64の掛け算の結果である．

4は2^2であり，64は2^6である．4掛ける64を計算したいときは，それぞれの指数を足せばよい．中世に天文学が発展し，10数桁になる天文学的数字の掛け算が手計算で行われ，その時，対数表が大いに役立った．

積が和に変わる関係を対数関係という

例えば，$x = a^p$ と $y = a^q$ の積は，$a^p a^q = a^{p+q}$ となる．ここで，a, x, y を正の実数 $(a \neq 1)$ とする．

正の数 x, y は，a を底にとる指数関数である．正の数 x, y の積は $p+q$ という指数部の和に置き換えることができる．

対数関数

指数関数 $x = a^n$ は，n が整数のとき，a を n 回掛けた数が x であるということを表し，その逆関数は

$$n = \log_a x$$

というように表される．ただし，n は正の実数である．対数関数は指数関数の逆関数である．

対数 (logarithm) の log は数学の演算子 (mathematical operation) で，対数には，数の間に役に立つ関係 (logarithm=logos+arithmos) という意味がある．

次式により，底の変換 (change of base) が行える．

$$\log_a (x) = \frac{\log_k (x)}{\log_k (a)}$$

2.6 3角関数

2.6.1 丸，4角そして3角の性質が考えられた

3角形の辺の比で木の高さを測る

底辺の長さと角度から木や山やピラミッドの高さを測るというようなことがなされた．測量などに3角法 (trigonometry) が用いられてきた．

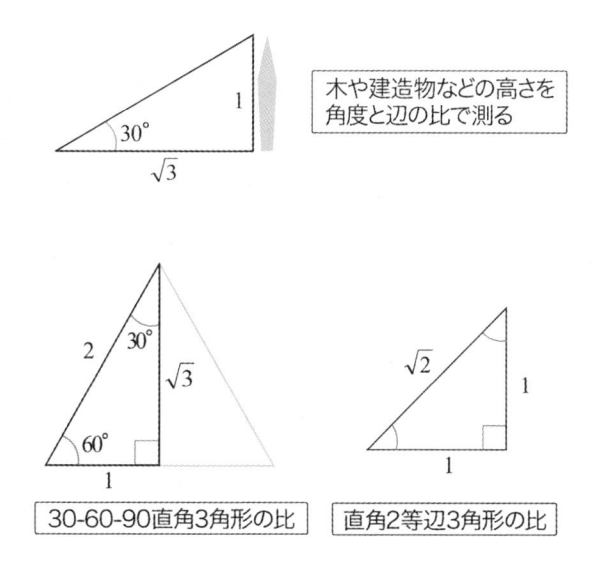

木や建造物などの高さを角度と辺の比で測る

30-60-90直角3角形の比

直角2等辺3角形の比

3角形を円と組み合わせる

古代ギリシャでは，球状の宇宙が考えられた．そして，角度と弦の大きさの関係に興味が持たれた．弦の長さは，天体間の距離を表した．ギリシャのヒッパルコス (Hipparchus) は，角度と弦の大きさを表にした正弦表を作った．彼が書いた文章が残っていないので，確かなことは分からないが，クラウディオス・プトレマイオス (Claudius Ptolemaeus, 83年頃～168年頃) が著書の中で紹介した．

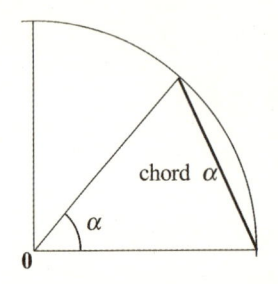

古代の数学者は,星空を見上げて,光円錐を思い浮かべた.光円錐の断面は,2等辺3角形となる.光円錐の底面をなす円に,まばゆいまでの星々が散りばめられていた.その3角形は,引き絞った弓の弦を連想させた.

クラウディオス・プトレマイオスは，エジプトのアレキサンドリアで活躍した．『アルマゲスト』を著し，当時の数学と天文学の集大成を行った．第1巻には，弦の長さの表が紹介された．

興味の対象が2等辺3角形の弦から直角3角形の半弦になった

インドでは，弦の半分，半弦に注目した．2等辺3角形から，直角3角形に変わった．これが，さらなる飛躍の時であった．

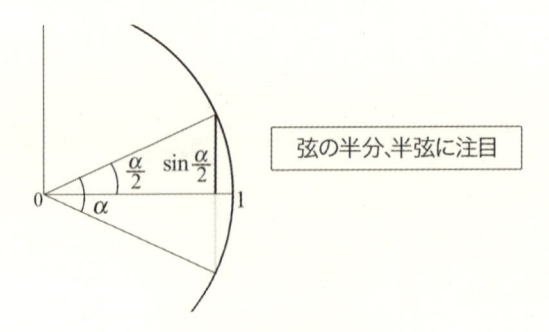

弦の半分、半弦に注目

その後，地上のものの高さにも三角法の表が用いられるようになった．

2.6.2 次元を持つ角度と無次元の角度

時間により変化するもの

　時とともに，人は年をとる．その他にも，時間とともに，いろいろなものが変化する．プラトンは，宇宙の生成と同時に時間ができたと考えた．

　いろいろなものの変化を時間の関数として表すことができる．特に，太陽や星の位置など，周期的に回転するものは，時間による位置の変化を表す角度が注目された．

　その代表的なものとして太陽と月が挙げられ，古代から，時間は太陽の位置の変化を基準として，科学的に認識されてきた．

基準が異なる度数法

　度数法では，円の1周の角度を360度とする．30の倍数を使う天文学や暦と関係があった．長さや重さ，時間は，単位の次元を持っている．以前は，角度も1つの補助的な次元として扱われていた．

　特定の角度は，円を1周する角度に対する割合で表示できる．例えば，円を1周する角度を1としてもよい．そうすると，度数法の360度は1となり，180度は0.5となる．

角度の基準を無理数とする

　これらのように，基準とする角度が有理数である場合，基本の大きさの割合として，角度の値を理解しやすい．

　度数法の180度を無理数である円周率のπにしてもよい．180度をπとすると，360度は2πとなる．

　半径が1の円では，円周の長さは2πである．したがって，半径1の円では，弧度法の角度と円弧の長さが等しくなる．逆にいえば，弧度法では，半径1の円弧の長さをその角度としたことになる．

小数で表すと無限に続く無理数を角度の基準とすることは，数学史上，飛躍的な変化であった．角度を用いるいろいろな計算が簡単になったが，一般的になんとなく角度の理解が難しくなった．

角度が無次元となった弧度法

弧度法では，角度を弧の長さ [m] と半径の長さ [m] の比と定義する．国際単位系では，長さの単位は，m（メートル）で1次元である．そして，角度の次元は，m/m という比であり，1 となり無次元であるとされている．

弧度法では，ラジアンという単位が使われるが，無次元なので単位は省略してもよい．

派生単位である角速度の単位は，ラジアン毎秒 [rad/s] であり，角加速度の単位は，ラジアン毎秒毎秒 [rad/s^2] である．

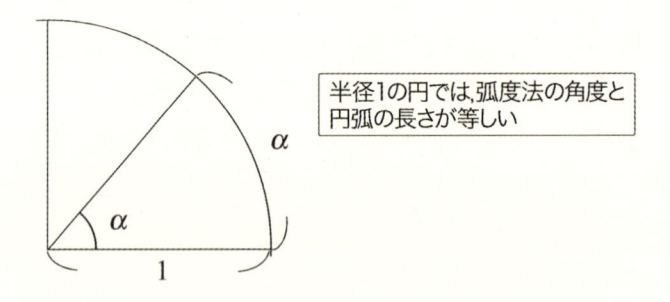

半径1の円では,弧度法の角度と円弧の長さが等しい

度の単位の次元は無次元

1 ラジアンの角度の時，半径の長さと弧の長さが等しくなる．

半径1の円では，弧度法の角度と円弧の長さの数値が等しくなるが，角度と長さで無次元の内容が違う（比の定義が違う）ことを明確に認識する必要がある．

2.6.3 角度と辺の長さの比

半径 1 の円と直角 3 角形を組み合わせる

弧度法では，半径 1 の円の弧の長さと角度が等しくなる．そこで，半径 1 の円と直角 3 角形を組み合わせて，角度と直角 3 角形の辺の比の関係を考える．

直角 3 角形の各辺は，下の左図のように呼ばれる．その直角 3 角形で，$\sin\theta$ は，対辺の長さ／斜辺の長さ，$\cos\theta$ は，底辺の長さ／斜辺の長さ，$\tan\theta$ は，対辺の長さ／底辺の長さである．

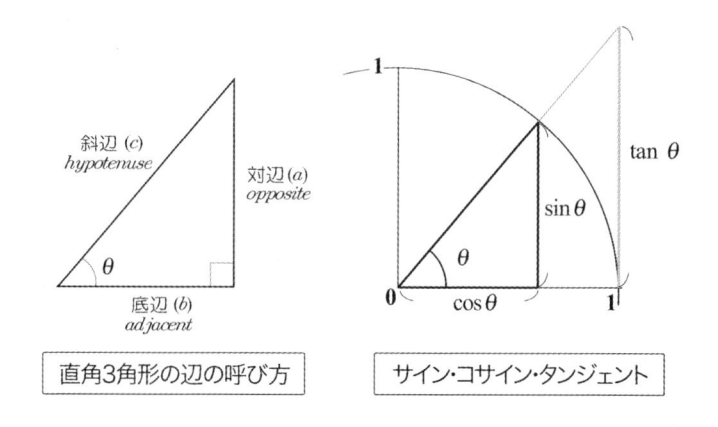

| 直角3角形の辺の呼び方 | サイン・コサイン・タンジェント |

上の右図のように半径が 1 の円と組み合わせた場合，斜辺は 1 であるから，$\sin\theta$ は対辺の長さ，$\cos\theta$ は庭辺の長さと等しくなる．$\tan\theta$ は庭辺が 1 になるように拡大した直角 3 角形の対辺の長さと等しくなる．

$\sin, \cos, \tan$ は，角度を長さの比に変換する無次元間次元変換

先のように，直角 3 角形と半径 1 の円とを組み合わせると，角度（無次元）と長さの比（無次元）が同じ値となる．

同じ値になるように工夫しているだけで，本質的には異なったものであることを認識しておく必要がある．

弧度法の定義を離れ，次元の観点から見ると，サインなどの3角関数の演算子は，(無次元の) 角度を無次元の長さの比に変換する次元変換装置であると考えればよい．

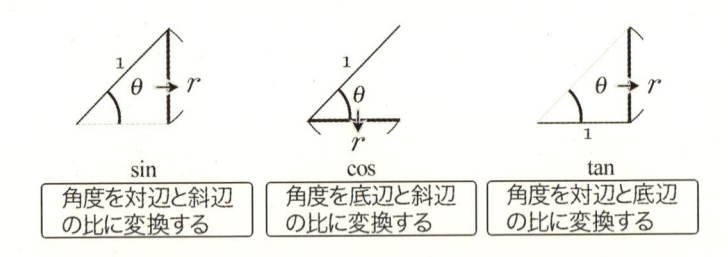

	sin	cos	tan
	角度を対辺と斜辺の比に変換する	角度を底辺と斜辺の比に変換する	角度を対辺と底辺の比に変換する

3 角関数

3 角関数では，角度 (θ) が変数となって，ある値 (y) を与える，
$y = \sin\theta$ のような，正弦関数（サイン：sine），
$y = \cos\theta$ のような，余弦関数（コサイン：cosine），
$y = \tan\theta$ のような，正接関数（タンジェント，tangent）などがある．
xy 平面で，x 軸に角度 (θ) をとれば，サインカーブなどの曲線が得られる．

代表的な 3 角関数の相互の関係を表にした．

関数	記号	関係
サイン	sin	$\sin\theta = \cos\left(\frac{\pi}{2} - \theta\right)$
コサイン	cos	$\cos\theta = \sin\left(\frac{\pi}{2} - \theta\right)$
タンジェント	tan	$\tan\theta = \frac{\cos\theta}{\sin\theta}$
コタンジェント	cot	$\cot\theta = \frac{1}{\tan\theta}$
セカント	sec	$\sec\theta = \frac{1}{\cos\theta}$
コセカント	cosec	$\csc\theta = \frac{1}{\sin\theta}$

2.7 いろいろな次元を持つ数

2.7.1 掛け算と単位の次元

数学では数値の次元は抽象空間の無次元となる

算数の掛け算は，無次元の掛け算である．
$$2 \times 3 = 6$$
物理に用いられるような次元を持つ掛け算について考えてみる．1次元のものに無次元の倍数を掛けた1次元空間の掛け算がある．例えば，2 m（メートル）の3倍は6m（メートル）は，
$$2[m] \times 3 = 6[m]$$
となる．

1次元の長さと長さを掛ける掛け算は，次元変換が関与し，1次元の線から2次元の面積ができる．例えば，辺の長さが，2mと3mの長方形の面積は，6m^2（平方メートル）である．式で表すと，
$$2[m] \times 3[m] = 6[m^2]$$
となる．

例えば，面積を3倍する時は，2次元空間での次元変換を伴わない掛け算である．
$$6[m^2] \times 3 = 18[m^2]$$
辺の長さが，1mと2mと3mの立体の面積は，6m^3（立方メートル）である．このような，次元変化を伴う掛け算を式で表すと，
$$1[m] \times 2[m] \times 3[m] = 6[m^3]$$
となる．

これを図形で表現するためには，3つの数直線が必要になる．これは，3次元空間で表現できる．

違う次元のものは足せない

単位を明示した場合，異なった次元のものを足すことはできない．例えば，2メートルの長さと6平方メートルの面積は足せない．

$$2[\mathrm{m}] + 6[\mathrm{m}^2] = 不能$$

次元から次数に進化した抽象的な数学では，基本的に無次元の掛け算のため，次数が違うものを加えることが許される．

$$x^3 + 2x + 1 = y$$

縮退がない 3 元空間

まだ，一般的ではないが，3つの実数単位 (r, l, h) があり，9つの領域を持つ縮退がない3元空間を考えることができる．異なる元の間では足し算ができない，それらの別の元に属する数が別の要素である時，実数の3元空間となる．

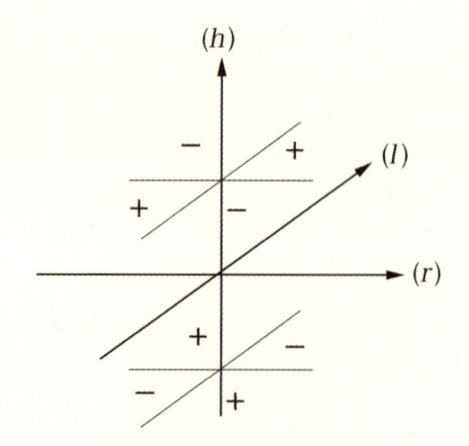

2.7.2 四元数

実数単位は1つで，3つの虚数単位を用いた空間で演算が行われている．四元数 (quaternion)，クォータニオンは，ウィリアム・ローワン・ハミルトン (William Rowan Hamilton, 1805 〜 1865 年) が考案した1つの実数単位と3つの虚数単位を持つ数である．

それは，例えば，実数 a, b, c, d と虚数単位，i, j, k を用いて，

$$q = a + bi + cj + dk$$

のように表される．四元数は，剛体の回転運動の計算に勝れていて，実用的に使用されている．その演算では，乗法の交換法則は成り立たない．各元を1つの世界（空間）とすると，その間の相互の関係は次のようになる．

$$i^2 = j^2 = k^2 = ijk = -1$$
$$ij = k, \quad jk = i, \quad ki = j, \quad ji = -k, \quad kj = -i, \quad ik = -j$$

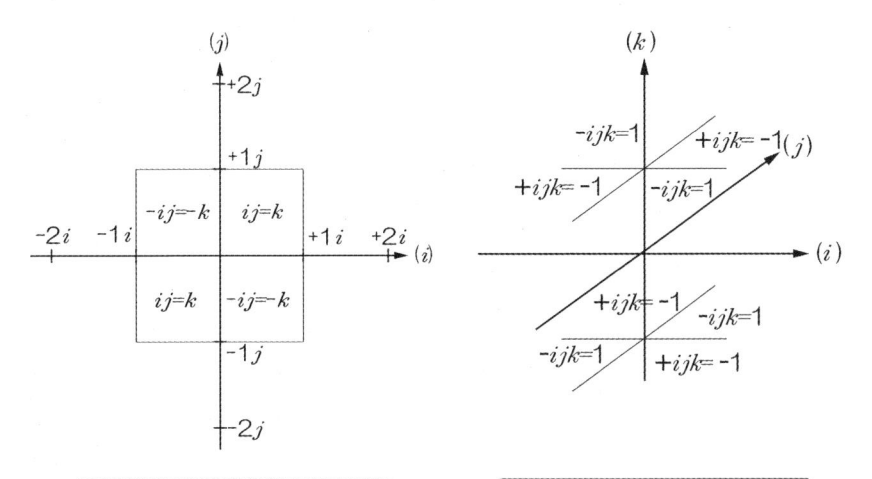

| 2元数と元が変化する掛け算 | 3元数と元が変化する掛け算 |

縮退がない3元虚数空間

　元が掛け算によって次元が変わらない場合は，足し算だけを行えばよく，単純である．その例を，2つの虚数単位の場合と3つの虚数単位の場合で図に示した．

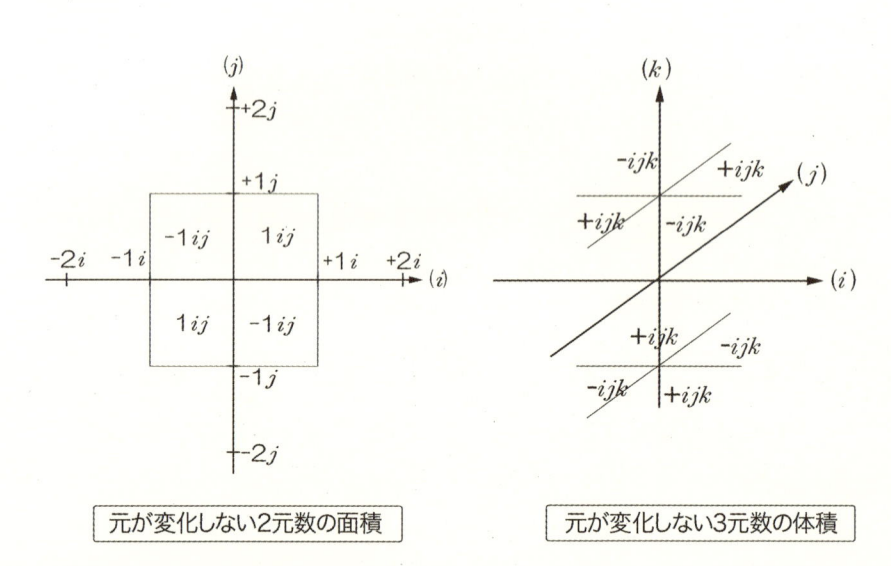

元が変化しない2元数の面積

元が変化しない3元数の体積

縮退がない9次元実虚空空間

　2乗しても符号が変わらない実数の3元，2乗すると符号がマイナスになる虚数の3元に，2乗するとゼロとなる空の3元を考えることはできる．
　実数の3元を (r, l, h)，虚数の3元を (i, j, k)，空数の3元を (q, p, o) とする．線，面積，体積を別のものとして縮退がないとすれば，演算は足し算だけになり，非常に簡単になる．
　現実世界との関係や9次元間の相互関係は，今後の研究で明らかにされるであろう．

第3章

無理数を数列の足し算で表す

3.1 円周率

円周と円の直径の比は永遠の謎

円周と直径の長さの比は，円周率 (Pi) と呼ばれ，π（パイ）という記号で表される．πは，小数点以下が無限に続く無理数であり，分数の形で表せない．また，分数のような循環をしない．

古代文明発祥の地で，数千年も前から円周と円の直径の長さの比に興味が持たれていたのは，現代人にとって驚きである．

円周率は，実際に円を書いて求めることができる．古代では，神殿の建設などで，杭を中心に打ち，円の半径の長さの綱で大地に円が書かれた．その円周の長さを綱や紐で測定して円周率を求めた．

紀元前1650年頃，古代エジプトの神官アーメスが，数学に関する記述をパピルスに残した．その最古の数学書，リンド・パピルスに，円周率の近似値，256/81（≒ 3.1605）が書かれた．

円周を円に内接する正6角形の周で近似する

紐などの道具で長さを測ったのでは，円周率に誤差は避けられない．そこで，おおよその円周率を論理的に求める方法として，円周の長さを多角形の周の長さで近似して求めることを考えついた．

紀元前5世紀頃，古代ギリシャの時代，ヘラクレアのアンティポン (Antiphon) は，円に内接する多角形 から円周率を算出した．

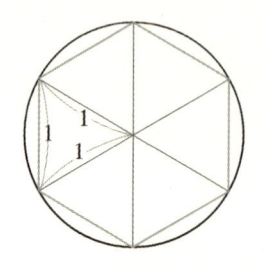

円に内接する正6角形の外周の長さで円周を近似できる
直径が2の円の円周は6と近似され，円周率は3となる

円周を円に外接する正6角形の周で近似する

半径が1で，直径が2の円（単位円）に内接する正6角形を先の図のように描く．正6角形は，図のような正3角形，6個からできている．その正3角形は1辺の長さが1であり，内接する正6角形の周の長さは6となる．内接する正6角形で近似した時の円周率は3である．

半径が1で，直径が2の円に外接する正6角形の周の長さは，図のように$1/\sqrt{3}$が12個になるので，$\frac{12}{\sqrt{3}} \approx 6.93$ となる．外接する正6角形から近似される円周率は約 3.46 である．

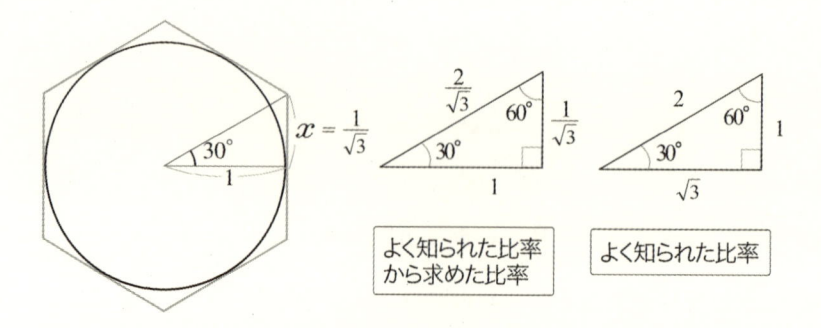

よく知られた比率から求めた比率

よく知られた比率

ヘラクレアのブリソン (Bryson) は，円周は，円に内接する多角形の周より大きく，円に外接する多角形の周より小さいという法則を用いて円周率を算出した．例えば，円に内外接する正6角形から求められる円周率 (π) は，$3 < \pi < 3.46$ となる．

3.2 漸化式

中世のヨーロッパで，精度が高い円周率が手計算された

　円周をより辺の数が多い多角形で近似することによって，円周率を近似する精度が上がった．紀元前 300 年頃，アルキメデスは正 96 角形の辺の長さを計算し，円周率が，$223/71 < \pi < 22/7$ であることを見いだした．求められた円周率は約 3.14 であった．

　530 年頃，インドのアールヤバタは，インドの最初の科学書といわれるアールヤバティーヤを著した．彼は，正 384 角形を用いて，円周率を計算した．求められた円周率は約 3.1416 であった．

　1220 年，イタリアのフィボナッチは円周率を 864/275 と求めた．これは，約 3.1418 である．

　1610 年，ルドルフは，正 2^{62}(461 京 1686 兆 0184 億 2738 万 7904) 角形から円周率を 35 桁まで求めた．

内接する正 3 角形から出発して漸化式を作る

　円に内接する正 n 角形とその倍の角数をもつ正 $2n$ 角形の関係を利用して，漸化式を作る．正 3 角形と正 6 角形の関係を例として図に示した．

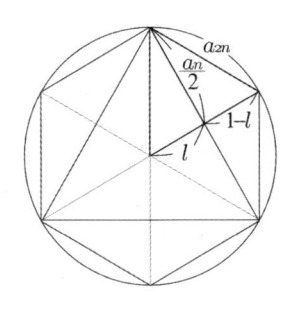

正 3 角形とその 2 倍の数の辺を持つ正 6 角形の関係を例として，それぞれの辺の長さから漸化式を作る．

　半径 1 の円に内接する正 n 角形と正 $2n$ 角形の 1 辺の長さをそれぞれ a_n,

a_{2n} とし,辺の数を倍にした時に増加した3角形の高さを $(1-l)$ とすると

$$l^2 + \left(\frac{a_n}{2}\right)^2 = 1^2 \ , \quad (1-l)^2 + \left(\frac{a_n}{2}\right)^2 = a_{2n}^2$$

となり,この連立方程式を解くと

$$a_{2n} = \sqrt{2 - \sqrt{4 - (a_n)^2}}$$

が求められる.

　半径1の円に内接する正6角形の1辺の長さ a_6 は1であり,周の長さは6となる.半径1の円周の長さは,2π であるから,正6角形による円周率の近似値 $Pi(6)$ は,正6角形の周の長さの半分の3となる.

　半径1の円に内接する正12角形の1辺の長さ a_{12} は

$$a_{12} = \sqrt{2 - \sqrt{4 - (a_6)^2}} = \sqrt{2 - \sqrt{4 - (1)^2}} = \sqrt{2 - \sqrt{3}}$$

となる.$Pi(6)$ は,その6倍である.

　これを繰り返すと,円周率を正 n 角形で近似した値 $Pi(n)$ が計算できる.

$$Pi(12) = 2^1 \times 3 \times \sqrt{2 - \sqrt{3}} = 3.105828541\cdots$$

$$Pi(24) = 2^2 \times 3 \times \sqrt{2 - \sqrt{2 + \sqrt{3}}} = 3.132628613\cdots$$

$$Pi(48) = 2^3 \times 3 \times \sqrt{2 - \sqrt{2 + \sqrt{2 + \sqrt{3}}}} = 3.139350203\cdots$$

$$Pi(96) = 2^4 \times 3 \times \sqrt{2 - \sqrt{2 + \sqrt{2 + \sqrt{2 + \sqrt{3}}}}} = 3.141031951\cdots$$

$$Pi(192) = 2^5 \times 3 \times \sqrt{2 - \sqrt{2 + \sqrt{2 + \sqrt{2 + \sqrt{2 + \sqrt{3}}}}}}$$

$$= 3.141452472\cdots$$

......

内接する正 n 角形と外接する正 n 角形で漸化式を作る

半径 1 の円に内接する正 6 正角形の辺の長さを $A_{1\times 6}$ とし，外接する正 6 角形の周の長さを $B_{1\times 6}$ とする．円に内接する正 6 角形と外接する正 6 角形の 1 辺の長さの半分をそれぞれ $a_{1\times 6}$，$b_{1\times 6}$ とする．

それらの正 6 角形の周の長さは，$A_{1\times 6} = 6 \times 2 \times a_{1\times 6}$，$B_{1\times 6} = 6 \times 2 \times b_{1\times 6}$ となる．

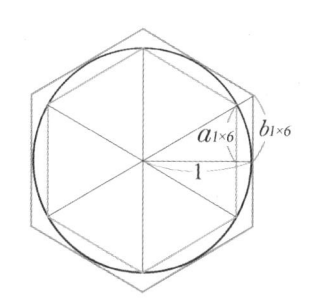

半径が 1 の円に内接する正 6 角形の 1 辺の長さの半分を $a_{1\times 6}$ とする

半径が 1 の円に外接する正 6 角形の 1 辺の長さの半分を $b_{1\times 6}$ とする

上の図に内接する正 12 角形と外接する正 12 角形を加えた図を示した．内接する正 12 角形と外接する正 12 角形の 1 辺の半分の長さをそれぞれ $a_{2\times 6}$，$b_{2\times 6}$ とする．

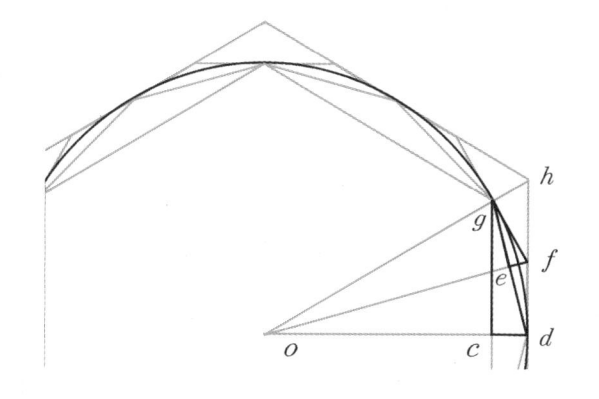

正 6 角形 の辺の半分
$cg = a_{1\times 6}$
$dh = b_{1\times 6}$

正 12 角形の辺の半分
$ge = a_{2\times 6}$
$fd = gf = b_{2\times 6}$

辺の比
$od : dh = fg : gh$
$fg : dg = ge : gc$

図の cg が $a_{1\times 6}$，dh が $b_{1\times 6}$ である．d と g を線で結ぶ．これは，内接する正 12 角形の 1 辺 ($2a_{2\times 6}$) である．o から gd の中点 e に線を引き，f ま

で延長する．そして，gf の線を引く．gf の長さは，$b_{2\times 6}$ である．
　$\triangle goc$ と $\triangle hod$ と $\triangle hfg$ は，相似形である．そこで，$od:dh=fg:gh$ より $1:b_{1\times 6}=b_{2\times 6}:gh$ であり，

$$gh = b_{2\times 6} \times b_{1\times 6}$$

となる．また，$go:hf=cg:gh$ より $1:hf=a_{1\times 6}:gh$ であり，

$$gh = hf \times a_{1\times 6}$$

となる．また，$hf = b_{1\times 6} - fd = b_{1\times 6} - b_{2\times 6}$ であるから，

$$gh = (b_{1\times 6} - b_{2\times 6}) \times a_{1\times 6}$$

となる．これらから，

$$b_{2\times 6} = \frac{a_{1\times 6} b_{1\times 6}}{a_{1\times 6} + b_{1\times 6}}$$

となる．
　また，$\triangle fge$ と $\triangle dgc$ が相似形であるから，$fg:dg=ge:gc$ より $b_{2\times 6}:2a_{2\times 6}=a_{2\times 6}:a_{1\times 6}$ である．そこで，

$$a_{2\times 6} = \sqrt{\frac{a_{1\times 6}\, b_{2\times 6}}{2}}$$

となる．
　以上から，半径 1 の円に内接する正 12 角形の辺の長さ ($A_{2\times 6}$) と外接する正 12 角形の辺の長さ ($B_{2\times 6}$) は，

$$B_{2\times 6} = \frac{2A_{1\times 6}B_{1\times 6}}{A_{1\times 6} + B_{1\times 6}}, \qquad A_{2\times 6} = \sqrt{A_{1\times 6}B_{2\times 6}}$$

となる．これを一般化した漸化式で表すと，

$$B_{n+1} = \frac{2A_n B_n}{A_n + B_n}, \qquad A_{n+1} = \sqrt{A_n B_{n+1}}$$

となる．

3.3 数列の足し算

＜多次元数の数列＞

自然数から派生した数列

自然数の数列が，数列の根本である．その数列と 2 次元や 3 次元や多次元の概念を組み合わせると，2 次元数の数列や 3 次元数や多次元数の数列ができる．それらの部分級数は，

$S_n = 1 + 2 + 3 + 4 + \cdots n$
$S_n = 1^2 + 2^2 + 3^2 + 4^2 + \cdots n^2 = 1 + 4 + 9 + 16 + \cdots n^2$
$S_n = 1^3 + 2^3 + 3^3 + 4^3 + \cdots n^3 = 1 + 8 + 27 + 64 + \cdots n^3$
$S_n = 1^4 + 2^4 + 3^4 + 4^4 + \cdots n^4 = 1 + 16 + 81 + 256 + \cdots n^4$
$S_n = 1^5 + 2^5 + 3^5 + 4^5 + \cdots n^5 = 1 + 32 + 243 + 1024 + \cdots n^5$

となる．それらの総和を求める公式は，

$$\sum_{k=1}^{n} c = cn$$

$$\sum_{k=1}^{n} k = \frac{n(n+1)}{2} = \frac{n^2 + n}{2}$$

$$\sum_{k=1}^{n} k^2 = \frac{n(n+1)(2n+1)}{6} = \frac{2n^3 + 3n^2 + n}{6}$$

$$\sum_{k=1}^{n} k^3 = \left(\frac{n(n+1)}{2}\right)^2$$

$$\sum_{k=1}^{n} k^4 = \frac{n(n+1)(2n+1)(3n^3 + 3n - 1)}{30}$$

$$\sum_{k=1}^{n} k^5 = \frac{n^2(n+1)^2(2n^2 + 2n - 1)}{12}$$

となる．

＜等差数列＞

級数を用いると漸化式より効率的に円周率を求められる

　漸化式によって，より精度が高い円周率の近似値が求められたが，平方根の計算に時間がかかった．手計算で円周率を求めるために，できるだけ簡単に計算できる式が必要となった．コンピュータで円周率を計算する場合も同じである．

　そこで，足し算だけで計算ができる級数を利用して，円周率を計算する方法が考えられた．

数を並べ，足すことの歴史

　変化する数を規則的に並べ，それらの数列について考えることは，古くから行われていた．B.C.2100 年頃のバビロニアの粘土板に数列が記された．

　数列の各数字（項）を足そうという試みもかなり古くから行われていた．数列の各項の和は，級数 (series) と呼ばれる．

　日本語は表意文字であるが，級数という漢字から数列の足し算をイメージし難い．級数というよりもシリーズといった方が，数列の各項の合計というイメージが浮かびやすい．

まず考えられた一定の数で増減する等差級数の総和

　算術級数（等差級数）(arithmetic series) の簡単な例として，1 から 10 までの足し算がある．それは，

$$S_n = 1 + 2 + 3 + \cdots + 10 = 55$$

と表される．

同じことを Σ (シグマ) という記号を使って

$$\sum_{k=1}^{10} k = 55$$

と表記できる．Σという記号は，総和を意味するギリシャ語の頭文字で，英語の合計 (sum)，総和 (summation) の頭文字である S に相当する．

紀元前5世紀頃の古代ギリシャでは，次のような数列の和の公式が知られていた．

$$1 + 2 + 3 + \cdots + n = \frac{n(n+1)}{2}$$

一般に，等差級数の和は，

$$S_n = a_1 + a_2 + a_3 + \cdots + a_n = \frac{n(a_1 + a_n)}{2} = \frac{n[2a_1 + (n-1)d]}{2}$$

となる．d は公差である．

＜等比数列＞

等差数列の次に考えられた一定の割合で増減する等比級数

例えば，

$$1 + 2 + 4 + 8 + 16 + 32 + 64 + 128 + \cdots$$

のように，ある項の次の項が2倍になっている数列の和が考えられた．このように，任意の項の次の項と任意の項の比（公比）が一定である等比数列の和は，等比級数や幾何級数 (geometric series) と呼ばれる．

例えば，初項が1で，a 倍で増える（公比が a）等比級数の n 項は a^n と表される．その級数は，

$$S_n(a) = 1 + a + a^2 + a^3 + \cdots a^n$$

のように表される．これは，$\sum$ を用いて，

$$\sum_{k=0}^{n} a^k = \frac{1 - a^{n+1}}{1 - a}$$

のように簡略に表される．

次に，より一般化して，初項が a で公比が r の等比級数を考える．その等比級数は，

$$S_n(a) = ar^0 + ar^1 + ar^2 + ar^3 + \cdots ar^n$$

のように表される．これは，$\sum$ を用いて，

$$\sum_{k=0}^{n} ar^k$$

と表される．部分和を求める公式は，r が 1 でない時は，

$$\sum_{k=0}^{n} ar^k = \frac{a\left(1 - r^{n+1}\right)}{1 - r}$$

となり，r が 1 の時は，

$$\sum_{k=0}^{n} ar^k = \sum_{k=0}^{n} a = a(n+1)$$

となる．

3.4 無限級数

部分和と無限級数

無限級数の和を求めるには，まず，次のような級数の部分和（有限級数）を考える．
$$S_n = \sum_{n=1}^{k} a_n = a_1 + a_2 + a_3 + \cdots + a_n$$
その無限和である無限級数は，
$$\sum_{n=1}^{\infty} a_n = a_1 + a_2 + a_3 + \cdots$$
と表現できる．現在では，級数というと無限級数の事を指す場合が多い．

無限にプラスするので無限に大きくなる無限級数

自然数は，$1, 2, 3, \cdots$ と無限に大きくなる．自然数の和，
$$S_n = 1 + 2 + 3 + 4 + \cdots$$
は，無限大となり発散 (diverge) する．

「無限大に発散する」は，英語では "diverge to infinity" となる．日本語では，「発散する」は，物質や香り，感情などの発散を思い浮かべる．数学の用語として，"divergence" が「発散」，"diverge" が「発散する」と翻訳された．英語の "diverge" は，道などが分岐する，放射状に広がるという意味がある．

自然数の合計の数列，$1, \; 1+2, \; 1+2+3, \; \cdots$ の項の値も無限に大きくなる．その級数
$$S_n = 1 + (1+2) + (1+2+3) + (1+2+3+4) + \cdots$$
は，やはり無限に大きくなる．

有限の区間の中にある無限の値の収束

発散 (divergence) の反対語は，収束 (convergence) である．発散するという動詞の反対語は収束する (converge) である．"converge" は，「1 点に向かって集まる」という意味がある．

無限に足し算を行うと，無限に大きくなり発散するように思うが，発散せずにある一定の数に無限に近づくことがある．

パラドックスで現れた無限と収束

紀元前 500 年頃，無限に加えても収束する場合が認識された記録がある．古代ギリシャの哲学者である南イタリアのエレア出身のゼノン (Zeno, 紀元前 490 年頃 〜 紀元前 430 年頃) は，師のパルメニデス (Parmenidēs) の教義を擁護するために，いろいろなパラドックスを提出した．

出発点から目的地までの有限の区間を考え，その間を走って移動できるかどうかを考えた．出発点から走って，まず，半分の距離の状態に到達しなければならない．次に，残りの半分の半分に到達しなければならない．この過程は，無限に続く数列で表現できる．

つまり，走るという行動を無限回繰り返さなければならないので，目的地に到達できない．このパラドックスは，二分法とか走者の逆理（race course paradox）と呼ばれる．

その数列は，
$$\left\{\frac{1}{2}, \frac{1}{4}, \frac{1}{8}, \frac{1}{16}, \cdots\right\}$$
であり，その数列の無限和は 1 となる．Σ を用いて，
$$\sum_{n=1}^{\infty}\left(\frac{1}{2}\right)^n = 1$$
と表現できる．

3.5 インドで育った数学

3.5.1 古代インドの宗教と数学
ドラヴィダ人の南下とインダス文明

紀元前 3500 年頃，ドラヴィダ人が，イランの高原からインド西北の平野部へ移動した．そして，インド・パキスタンのインダス川およびそれと並行して流れていたガッガル・ハークラー川周辺にインダス文明 (Indus Valley civilization) を築いた．

インダス文明の遺跡の発見

19 世紀に入って，インダス文明の遺跡が発見された．イギリスの考古学者のアレキサンダー・カニンガム (Alexander Cunningham) によって発見されたハラッパー (Harappa) 遺跡やインドの考古学者のバナルジー (Rakhal Das Banerji) によって発見されたモヘンジョダロ (Mohenjo-daro) 遺跡が有名である．

それらは，紀元前 3300〜同 1700 年前後の居住を示す 5 期の文化層からなり，第 3 期のインダス文明期からは，穀物倉跡，沐浴場跡，排水設備跡など，都市遺跡が発見された．

彼らは，青銅器を使い，インダス川を利用した氾濫農耕を行った．牡牛の神や樹神，地母神などを崇める自然崇拝の宗教であった．

ガッガル・ハークラー川周辺の砂漠化等により，インダス文明は衰退していった．

アーリア人の浸入とヴェーダ時代

紀元前 1500 年頃，アーリア人が，イランの高原からインド西北の平野部へ移動した．それに押されて，ドラヴィダ人は南下を開始した．

アーリア人は，遊牧民族で，その宗教思想は，ヴェーダの経典群に記されている．ヴェーダは，自然を神格化した神々の賛歌であり，天啓聖典と呼ばれた．万物を創造した原理は，ブラフマン(Brahman)と呼ばれた．

詩的な霊感を持った聖人が啓示により，新たな経典を生み出した．彼らの宗教は，ヨーロッパ人によって，バラモン教(Brahmanism)と呼ばれた．

その社会制度は，宗教的なカースト制度であった．司祭階級のバラモン，王族や戦士のクシャトリヤ，庶民階級のヴァイシャ，奴隷階級のシュードラに分けられた．

南方へ追い出されたドラヴィダ人の地で数学が芽生える

南下したドラヴィダ人は，インド周辺で，タミル，テルグ，カンナダなどの諸民族に分かれた．支族は異なった言語を使うようになった．タミル人は，ドラヴィダ語族のタミル語を使った．ケーララでは，9世紀頃，タミル語から分かれたマルヤーラム語が使われるようになった．

釈迦仏教

紀元前500年頃，釈尊は，「苦集滅道」の四聖諦，苦の滅を実現する「正見，正思惟，正語，正業，正命，正精進，正念，正定」の八聖道，「因・縁・果・報」の法則，「無明，行，識，名色，六処，触，愛，受，取，有，生，老死」の12因縁など，論理的な教えで仏教を広めた．彼は，そのような法則の下での平等を説き，仏教が広まった．

釈尊（ゴータマ・シッダッタ）は，学問より，教えの実践と解脱の成就に重きを置いたため，仏教が他の学問に直接的に影響を与えることは少なかった．仏教が，積極的に数学を奨励することもなかった．しかし，教えは数学的に表現され，教えそのものに数学を含んでいた．

そして，仏教の自由な気風は，人を解脱に導くばかりでなく，進歩した外国の学問を学者が取り入れることを促進した．

紀元前 400 年頃から，ギリシャ経由でバビロニアの数学がインドに伝わり，数学や天文学はバビロニア要素の時代となった．西暦 200 年頃からインドの数学は，バビロニアとギリシャの両方の影響を受けた．西暦 400 年頃からインドの数学は，ギリシャ要素の時代となった．

バラモン教がヒンズー教に変化する時に，数学も民衆化（実用化）した

バラモン教のベーダ経典の数学は，バビロニア・ギリシャ要素の数学に進化した．バラモン教は，民間宗教と結び付き，ヒンズー教へと形を変えた．民族を超えた世界宗教の 1 つの仏教が大きな影響を与えた．

ヒンズー教では，創造の神，ブラフマー，保持の神ヴィシュヌ，破壊の神シヴァが重要視された．これは，宇宙の創造，成長，破壊を神格化したものであった．その頃，数学や天文学のブラフマー学派が誕生した．

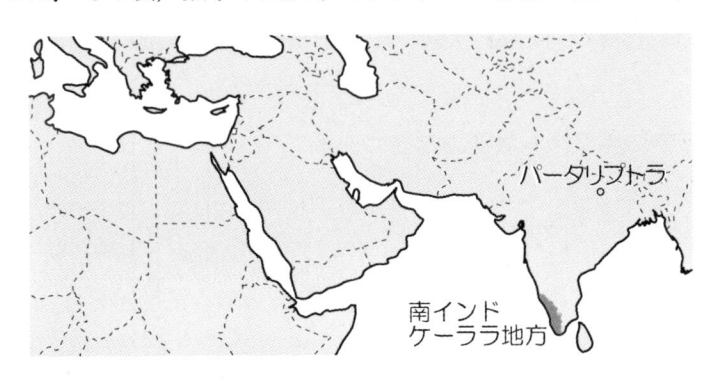

ジャイナ教の経典

当時，ジャイナ教では，ジャンプー大陸の中央にメール山があり，天体は，メール山の周りを回っていると考えられた．彼らは，円周率 (π) の値として $\sqrt{10}$ を用いた．その近似値の由来については，いろいろな説があり，はっきりとは分かっていない．

3.5.2 アールヤバタ

インドの文化的な地でアールヤバタが生まれ育った

アールヤバタ (IAST: Āryabhaṭa, 476～550年) は, インドで生まれた. 彼の著書に,「カリ・ユガに入ってから, 3600年目に23歳である」と自分の年齢が記されており, それから計算すると476年生まれということになる. 当時のインドでは, カースト制度 (Indian caste system) があり, 彼は, バラモン (Brahmin) 階級の生まれと想像できる.

生まれた場所は, 確定されていないが, 当時のアシュマカ (Aśmaka) で生まれたという記述がある. アシュマカは, 現在のインドの中央に位置するアーンドラ・プラデーシュ (Andhra Pradesh) 州のニザマバード (Nizamabad) という説や海岸沿いのケーララ州にあったという説がある.

バラモン教の王朝のグプタ朝の時代に, パータリプトラ (Pataliputra), 現在のビハール (Bihar) 州のパトナ (Patna) やケーララで活躍した.

ケーララのキリスト教徒コミュニティ

早くから南インドのケーララ (Kerala) 地方にキリスト教が根付いていた. 西暦52年に, 聖トマスが, ケーララの港町のコドゥンガルール (Kodungallur) に上陸し, キリスト教を広めたという伝承がある. 西暦68年にコドゥンガルールに来たユダヤ人が, そこにキリスト教徒のコミュニティが存在していると記した.

宗教から独立したインド最古の数学書

499年頃, 23歳の時, 天文学書であり, 数学書である『アールヤバティーヤ』"*Aryabhatiya*" を著した.『アールヤバティーヤ』は, 第一章 十のギーティ詩節, 第二章 数学, 第三章 時の計算, 第四章 天球からなる.「ブラフマー神の恩寵のおかげで, 真の知識が得られた」と, 知識の由来が

記された．その天文・数学書は，ブラフマー学派の伝統を受け継いで書かれたが，宗教の因習的な束縛からは，解き放たれていた．

アールヤバタの半弦値の表

第1章の最後に，「秒半弦は，225, 224, 222, 219…」というように簡潔な表現で半弦値が記された．

基本円の半径 (r) を 3438 とし，角度を 3.75 度ずつ変化させた時の半弦の長さ ($r \times \sin$) の差が，アールヤバタがいう秒半弦である．3.75 度は，90 度の 24 分の 1 であり，その点を結ぶと正 96 角形となる．

アールヤバタの秒半弦と正弦表の関係を分かりやすいように表にした．

角度	sin	$r \times \sin$	差
3.75	0.06540	225	225
7.50	0.13053	449	224
11.25	0.19509	671	222
15.00	0.25882	890	219
18.75	0.32144	1105	215
22.50	0.38268	1316	211
26.25	0.44229	1521	205
30.00	0.50000	1719	198
33.75	0.55557	1910	191
37.50	0.60876	2093	183
41.25	0.65935	2267	174
45.00	0.70711	2431	164

角度	sin	$r \times \sin$	差
48.75	0.75184	2585	154
52.50	0.79335	2728	143
56.25	0.83147	2859	131
60.00	0.86603	2977	119
63.75	0.89687	3083	106
67.50	0.92388	3176	93
71.25	0.94693	3256	79
75.00	0.96593	3321	65
78.75	0.98079	3372	51
82.50	0.99144	3409	37
86.25	0.99786	3431	22
90.00	1.00000	3438	7

アールヤバタは，正 384 角形の周の長さから，円周率を求めた

古代インドの文献『縄張りの書（繊維経）；シュルバスートラ』"$Sulbasutra$"や神話の叙事詩『マハーバーラタ』"$Mahabharata$"では，円周率として

3が用いられた．神殿の丸い柱を建てるために，四角い穴を掘る時などの大きさの計算に使われたので，3で十分であった．

アールヤバタは，正384角形の周の長さから，円周率の近似値

$$62832/20000 = 3.1416$$

を求めた．

古くから各地に，地球が自転しているという説と太陽などの天体が地球の周りを回っているという説があった．アールヤバタは，地球が自転しているとする流派であり，その先見性ゆえに，現在，インドで人気が高い．

和数の部分和を求める公式が書かれていた

『アールヤバティーヤ』には，次のような記述がある．「一を増分および初項とする＜数列の＞和数＜よりなる数列＞の和は，項数を初項とし一を増分とする3つの＜数の＞積，あるいは項数に1を加えたものの立方から＜その立方＞根を引いたものを6で割ったものである [17]」これを式で表すと

$$\sum_{k=1}^{n} \frac{k(k+1)}{2} = \frac{n(n+1)(n+2)}{6} = \frac{(n+1)^3 - (n+1)}{6}$$

となる．項数に1を加えて項数に掛けたものの半分は「和数」と呼ばれた．

古くからあるブラフマー学派に新しい学派が加わった

アールヤバタの教えに従い，『アールヤバティーヤ』を根本的な教科書とする学派，アールヤ学派ができた．アールヤ学派は，15世紀まで，ケーララなど南インドで活躍した．

アールヤ学派から，『アールヤバティーヤ注解』『マハーバースカリーヤ』"Māhabhāskarīya" を著したバースカラ1世 (Bhāskara I, 600～680

年) らが出た. バースカラ 1 世は, 0 と 9 個の数字からなる現在の十進法に近い記数法を用いた.

ラジャスターン, カシミール, ネパール, アッサムなどで, アールヤバタの教えを受け継いだアールダラートリカ学派 (Ārdharātrika) が活躍した.

ブラフマー学派は新しい学派に対抗心を燃やした

ブラフマー学派は, アールヤ学派と対抗意識を持った. バースカラ 2 世 (Bhāskara II, 1114 〜 1185 年) は, インドのデカン (Decan) のビトゥール (Biddur) で, バラモンの名門の家に生まれた. 世襲の宮廷学者の家系であった.

父のマヘーシュバラ (Mahesvara) は, 天文学をはじめ, ベーダから占星術, 韻律学まで, 諸学問に通じていた学者であった. バースカラ 2 世は, ウッジャイン (Ujjain) で活躍し, そこの天文台の台長を務めた.

彼は, 数学書の『リーラーヴァーティ』"LīLāvatī" を著した. 算術の書であり, 代数幾何学, 求積, 算術級数と幾何級数, 2 次, 3 次, 4 次の方程式の解など広範なテーマが扱われた. その結語で,「掛け算, 平方など純正で包括的な実用的な数学であり, この世の快楽が増大する」と記したように, 宗教的な数学から実用的な数学へ変化していった.

彼は, その中で, 通分した円周率を紹介した.

$$3927/1250 = 3.1416$$

1150 年, 永久に回り続ける車輪についての記述が残された. リムに水銀を入れ, その重さで回り続けるようにした永久機関 (perpetual motion) に関する最初の文献であった.

彼の幾何級数は, マーダヴァに受け継がれ, 永久機関はパスカルへと受け継がれた.

3.5.3　ヨーロッパより進んでいたマーダヴァの実用的な無限級数

インドやアラビアで実用的な数学が発展した

　12世紀までのローマ帝国時代のヨーロッパは，文化的には暗黒時代といわれ，古代ギリシャ以来大きな進歩はなかった．数学は，政治的な支配を目指した宗教によって束縛され，社会秩序を守ることに重点が置かれた．
　一方，東洋では，ゼロの発見があり，無限の概念も進化していった．

1400年頃，インドでマーダヴァが誕生した

　インドの数学者・天文学者であるサンガマグラマのマーダヴァ(Mādhava of Saṅgamagrāma, 1350～1425年)は，インドのケーララ州のコーチ(Kochi)の近くのイリンジャラクダ(Irinjalakkuda)に生まれた．
　コーチはコドゥンガルールの南にあり，現在，ケーララ州最大の都市で，貿易港である．当時から，交易の中心地として栄えていた．イリンジャラクダ地方は，当時，サンガマグラマと呼ばれていた．サンガマはユニオン，グラマはヴィレッジを意味する．

マーダヴァ学派を形成した

　マーダヴァは，無限級数，計算術，3角関数，幾何学，代数学の発展に貢献し，数学と天文学のケーララ校を設立し，後進を育て，マーダヴァ学派が形成されていった．コーチの港の貿易商やイエズス会の宣教師が，マーダヴァ学派の教えをヨーロッパに伝えた．それは，後のヨーロッパの解析学と微積分学の基礎となった．

マーダヴァ学派の後進がマーダヴァの説を紹介した

　マーダヴァの著作は，天文学の一部を除いて，ほとんどが消失した．弟子が残した記録から，マーダヴァの説が推測されている．

第3章 無理数を数列の足し算で表す

マーダヴァの活躍から約 100 年後の 1501 年にニーラカンタ (Nilakantha Somayaji) は，サンスクリット語の『タントラサングラハ』"Tantrasamgraha" を刊行し，マーダヴァの説を紹介した．1510 年頃，ニーラカンタは，『アールヤバティーヤ注解』を著した．

1530 年頃，ジュイェーシュタデーバ (Jyesthadeva) が，ドラヴィダ語族タミール系のマラヤーラム語で『ユクティバーシャ』"Yuktibhasa" を著した．ニーラカンタの『タントラサングラハ』の注解が主で，その中でマーダヴァの説が紹介された．

1550 年頃，ケーララ校の後進で，16 世紀，マーダヴァ学派のサンカラ・ヴァーリヤル (Śaṅkara Variar) が，バースカラ 2 世の『リーラーヴァティ』の注釈書『クリヤークラマカリー』"Kriyākramakarī" をサンスクリット (梵語) で書いた．その中で，マーダヴァの業績を発表した．

『クリヤークラマカリー』に 11 桁の円周率が紹介された

彼は，282743338233 が円の直径が 9 ニカルバ (9×10^{11}) の時の円周の長さであることから，円周率を 11 桁まで計算した．

$$2827433388233/9 \times 10^{11} = 3.14159271\cdots$$

マーダヴァ学派の注釈書に無限級数が紹介された

マーダヴァ学派の注釈書には，円周の長さを簡単に導く方法は，「直径に 4 を掛け，1 で割ったものに対して，直径に 4 を掛け，3，5，7 などの奇数で割ったものを，それぞれ順に減加するがよい [19]」と記された．直径を d として，式で表すと

$$円周 = d\pi = \frac{4d}{1} - \frac{4d}{3} + \frac{4d}{5} - \frac{4d}{7} + \frac{4d}{9} - \cdots$$

となる．

インド流無限級数の求め方

下の左図のように，一辺の長さが $2r$ の正方形と半径が r の円を描く．インドの曼荼羅のように，上を東 (E)，下を西 (W) とする．東南の角を A とする．そうすると EA の長さは，r となる．

例えば，下の左図のように EA を 4 等分する．そして，各点の間隔を a とする．

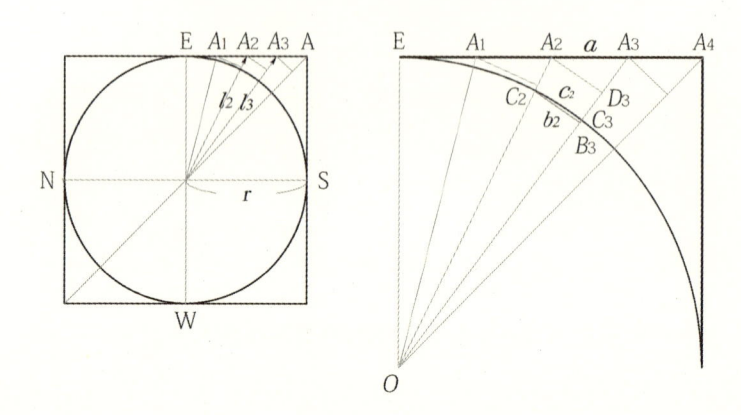

上の右図のように，OA_2 と円周の交点を C_2，OA_3 と円周の交点を C_3 とする．点 C_2 から OA_3 への垂線を引き，交点を B_3，点 A_2 から OA_3 への垂線を引き，交点を D_3 とする．4 分割された弧の長さを c_0, c_1, c_2, c_3 とする．図の $\triangle OEA_2$ と $\triangle OEA_3$ から，

$$(OA_2)^2 = r^2 + (2a)^2 \quad (OA_3)^2 = r^2 + (3a)^2$$

となることが分かる．

$\triangle A_2 A_3 D_3$ と $\triangle OA_3 E$ は相似なので，$A_2 D_3 : OE = A_2 A_3 : OA_3$ より，

$$A_2 D_3 = \frac{ar}{OA_3}$$

となる．$\triangle C_2 B_3 O$ と $\triangle A_2 D_3 O$ は相似形なので，

$$C_2 B_3 = \frac{OC_2 \cdot A_2 D_3}{OA_2} = \frac{ar^2}{OA_2 \cdot OA_3}$$

となる.

実際の円周の $1/8$ の長さは,各弧の和 $c_0+c_1+c_2+c_3$ である.すると,円周の $1/8$ の長さの近似値, $C_0B_1+C_1B_2+C_2B_3+C_3B_4 = b_0+b_1+b_2+b_3$ が得られる.

4 等分から一般化した m 等分へ

EA を m 等分し,等分した各点を $E(=A_0), A_1, A_2, A_3, \cdots A_m(=A)$ とする.すると,円周の $1/8$ の長さの近似値は, $b_0+b_1+b_2+b_3+\cdots+b_{m-1}$ となる.
$$b_n = \frac{ar^2}{OA_n OA_{n+1}}$$
となり,
$$\frac{ar^2}{OA_{n+1}^2} \approx< b_n \approx< \frac{ar^2}{OA_n^2}$$
となる.したがって,円周の $1/8$ の長さの近似値は,
$$\sum_{n=0}^{m-1} \frac{ar^2}{OA_{n+1}^2} \approx< \sum_{n=0}^{m-1} b_n \approx< \sum_{n=0}^{m-1} \frac{ar^2}{OA_n^2}$$
である.マーダヴァ学派では,これから,
$$円周 = d\pi = \frac{4d}{1} - \frac{4d}{3} + \frac{4d}{5} - \frac{4d}{7} + \frac{4d}{9} - \cdots$$
を導いた.
$\frac{ar^2}{OA_n^2} - \frac{ar^2}{OA_{n+1}^2}$ は, m を無限大にすると 0 に近づくので,
$$b_n \approx \frac{ar^2}{OA_n^2} = \left(\frac{r^2}{(na)^2 + r^2}\right)a = r\left(\frac{1}{\left(\frac{na}{r}\right)^2 + 1}\right)\frac{a}{r}$$
となり, 17 世紀のヨーロッパの数学の成果の一般 2 項定理と積分を用いれば,この式から,マーダヴァと同じ結果を導き出すことができる.

ライプニッツ,グレゴリー,ニュートンは,別の図形を用いて,独自に同様の結果を導いた.

3.6 無限級数

3.6.1 レオナルド・ダ・ピサ（フィボナッチ）と無限級数

＜十字軍が持ち帰った東洋の知識がヨーロッパを変えた＞

十字軍の始まり

1096年から約200年間，キリスト教国が聖地エルサレムを奪還するために遠征軍を派遣した．その遠征軍は十字軍と呼ばれた．

ローマ教皇ウルバヌス2世 (Pope Urban II) が呼びかけ，11世紀末，ヨーロッパ各国の諸侯よりなる第1回十字軍が組織され，エルサレム (Jerusalem) に向かった．当時，フランス王フィリップ1世は，離婚問題が原因でローマ教皇から破門されていたため，フランスは，十字軍に参加しなかった．

12世紀，教皇エウゲニウス3世 (Eugenius III) が呼びかけ，第2回十字軍が組織された．フランス王ルイ7世と神聖ローマ帝国初代君主コンラート3世が呼びかけに応じ，十字軍に参加した．

12世紀末，教皇グレゴリウス8世 (Gregory VIII) が呼びかけ，第3回十字軍が組織された．イングランド王ヘンリー2世とフランス王フィリップ2世（尊厳王）は，戦争中であったが教皇の呼びかけで停戦し，十字軍に参加した．

一方，東ローマ帝国の皇帝イサキオス2世は，十字軍に対して敵対的行動に出た．東ローマ帝国は，ギリシャ語を話す人が多くなっていったが，キリスト教やローマの文化を引き継いだキリスト教国であった．東ローマ帝国は，ローマ教皇と度々対立した．

第4回十字軍

13世紀初頭，各国に政治介入を多く行ったローマ教皇インノケンティウス3世 (Innocentius III) の呼びかけで，第4回十字軍が組織された．フラ

ンスの諸侯とヴェネツィアが応じ，アイユーブ朝のイスラム教徒の本拠地であったエジプト遠征を行う予定であった．

十字軍は，戦費を調達するために，まず，現在のクロアチアのアドリア海沿岸地域にあった，当時，キリスト教国のザラ (Zara)（クロアチア語：ザダル (Zadar)）を攻め，略奪を行った (Siege of Zara)．金銭と権力の獲得に目的を変更した十字軍の指導者は，キリスト教国の東ローマ帝国の内紛に乗じ，首都のコンスタンティノープルを攻め，陥落し，略奪を行った．

教皇主導の最後の第 5 回十字軍

インノケンティウス 3 世は，当初の目的のための新たな十字軍の召集を再度目論んだ．次のローマ教皇ホノリウス 3 世がその意志を継ぎ，第 5 回十字軍を召集した．

神聖ローマ帝国皇帝フリードリヒ 2 世は，教皇の命に従わず，十字軍に参加しなかった．フリードリヒ 2 世は，異文化との交流に積極的であり，ローマ教皇と対立し，2 度破門された．

十字軍は，エジプト遠征を目指し，エジプトの港町のダミエッタ (Damietta)（ディムヤート (dimyāt)）を占領し，最初は有利に戦いを進めた．しかし，その後の戦いで十字軍が敗れ，ダミエッタを奪還され，エジプト遠征は失敗に終わった．ローマ教皇が主導する一連の十字軍は，第 5 回で終了した．

交渉による第 6 回十字軍

1228 年 6 月，破門されたフリードリヒ 2 世が率いる第 6 回十字軍が出発した．1229 年，フリードリヒ 2 世が交渉でエルサレムを奪回した．10 年間の停戦条約を結んだが，ローマ教皇側は不満であった．

学問や交易に理解があるフリードリヒ 2 世が数学の発展に大きく寄与した．

＜レオナルド・ダ・ピサ＞

13世紀初頭，ヨーロッパの数学の節目に現れた数学者の誕生

　レオナルド・ダ・ピサ (Leonardo da Pisa, 1170～1240年) の著書が，暗闇で停滞していたヨーロッパの数学が発展する起爆剤の1つとなった．彼が生まれたピサは，現在は，イタリアのトスカーナ州ピサ県の県都で，ピサの斜塔で有名である．

　彼は，通称，レオナルド・フィボナッチ (Leonardo Fibonacci) と呼ばれた．フィボナッチとはボナッチの息子 (filius Bonacci) という意味を持つ愛称である．

　父のボナッチはピサの貿易商であり，北アフリカの税関吏をしていた．12世紀末，フィボナッチの父のグリエルモは貿易商兼ピサ当局の顧問として，ムワッヒド朝 (al-Muwahhidūn) のベジャイア (Bugia) に移住した．ベジャイアは，現在のアルジェリアにある港湾都市である．ムワッヒド朝は，イスラムの王朝である．

アルジェリアで東洋の数学を学び，イタリアに伝えた

　少年であったレオナルドは，父親と共にベジャイアに移住し，アラビアやインドの東洋数学を学んだ．アラビアの数学をさらに深く習得するために，アルジェリアをはじめ，エジプト，シリア，ギリシャ，シチリア島などを旅し，1200年頃，イタリアのピサに戻った．

　そして，フィボナッチは，アラビアの数学をヨーロッパに紹介した．

異文化との交流に積極的な皇帝が援助した

　神聖ローマ帝国皇帝のフリードリヒ2世 (Frederick II, Holy Roman Emperor) がフィボナッチを援助した．フリードリヒ2世は，神聖ローマ帝国皇帝とシチリアの王女の子であり，南イタリアのシチリア王 (フェデ

リーコ1世) を兼ねていた．フィボナッチは，フェデリーコ1世の宮殿に出入りできた．

1202年，フィボナッチは『算盤の書』"Liber abaci; The book of calculations" を発表した．その本の中で，10のアラビア数字 (Eastern Arabic numerals)，0,1,2,3,4,5,6,7,8,9 をはじめ，アラビアの算術を紹介した [2]．1220年，『幾何学演習』"Practica geometriae" を出版した．

フィボナッチ級数

フィボナッチが生きていた当時，数学の問題を解く試合がよく行われた．彼は「1つがいの兎は，1年の間に何つがいの兎になるか？」という兎の数に関する問題を出した．ただし，1ヵ月経つと1つがいの兎は1つがいの兎を産む．産まれた兎は，2ヵ月目から子どもを産むものという条件が付けられた．そして，ウサギは死なないとした．

最初は1つがいで，2ヵ月後は2つがい，3ヵ月後は3つがい，4ヵ月後は5つがいと増えていく．各月のつがいの数は次のような数列となる．1, 2, 3, 5, 8, 13, 21, 34, 55, 89, …この数列は，フィボナッチ数列と呼ばれている．フィボナッチ数列は次のような特徴がある．

① 連続する2つの数の和は，その上位の数になる．

$1+2=3 \quad 2+3=5 \quad 3+5=8 \quad 5+8=13 \quad 8+13=21$

$13+21=34\cdots$

その関係は，式で $x_{n+1} = x_n + x_{n-1}$ と表される．

② どの数も下位の数に対して 1.618 に近づいていく．

$\frac{1}{1}, \frac{2}{1}, \frac{3}{2}, \frac{5}{3}, \frac{8}{5}, \frac{13}{8} = 1.625, \frac{21}{13} \approx 1.615, \frac{34}{21} \approx 1.619,$
$\frac{55}{34} \approx 1.618, \cdots$

その比は黄金比 (golden ratio, golden mean) に収束する．

$$\lim_{n \to \infty} \frac{a_{n+1}}{a_n} = \frac{1+\sqrt{5}}{2} = 1.618\cdots$$

3.6.2 ジャン・ビュリダンとニコル・オレーム

＜ジャン・ビュリダン＞

十字軍の終焉とキリスト教国間の戦争

13世紀，フランス王ルイ9世が主導して，第7回，第8回の十字軍を組織した．十字軍は，第7回はエジプトで，第8回はチュニジアで敗北した．

14世紀，フランス王シャルル4世，フィリップ6世，そしてジャン2世は，イギリスと戦った．

ジャン2世の子どものシャルル5世は，賢明王と呼ばれ，学問に理解があった．王自身，文法・修辞・論理（弁証法）三科（Trivium）と算術・幾何・音楽・天文の四科（Quadrivium）からなる七自由科（septem artes liberales, リベラルアーツ）を修めた．

科学革命の先駆者の誕生

ジャン・ビュリダン（Jean Buridan，1295年頃 〜 1358年）は，フランス北部のベチューヌ（Béthune）で生まれたと推測されている．幼少期の詳細な記録は残っていない．

パリ大学のレモワンヌ学寮とナヴァル学寮で学んだ．1328年，パリ大学の学長を務めていたとの記録が残っている．大学の教授であると同時に，聖職禄が付いた聖職者であった．

大学での講義

当時の大学の講義では，問題を出して，それについて説明することに重点が置かれていた．ビュリダンは，アリストテレスの論理学や自然学，形而上学，道徳哲学の問題集を大学の講義のために作成した．『天体・地体論4巻問題集』では，4巻59問の問題と解説が書かれた [3]．

第1巻は，直線運動，円運動，生成・消滅など世界についての自然学がテーマであった．第2巻は，天体の運動や地が球形か，地は静止しているかについてがテーマであった．第3巻は，投げられたものが描く曲線がテーマであった．第4巻は，重さがテーマで，空気の重さについて語られた．

神については若干の記述しかなかった

　第1巻第12問の「世界は完全であるかどうか？」で，円は完全である，直線は不完全である，世界は不完全であるというアリストテレスの説を紹介し，「端的に完全なものは神であり，他のものではない」と第1の結論を述べた．
　そのような若干の神についての記述はあるが，神に関する議論は思弁的なもので，神への熱い思いや神との出会いは，文面からは感じられない．全体的には神学から独立した科学的な見解が述べられた．
　ビュリダンは科学の父といわれ，ガリレオ，ニュートンと続く科学的思考の基礎を築いた．ダランベールやラグランジュは，万物の根源は「力」であるというダイナミズムを発展させ，宇宙の創造主としての神の力を介在させない，4つの力で宇宙創成を説明する現在のビックバン理論に到達した．

科学的な説明をした科学の先駆者

　第2巻第22問「地はつねに世界の中心に静止しているかどうか？」で，世界の中心に静止していないと端的に答えた．いかなる物体にも自然運動があり，球形の地球は回転運動をしていると解説した．
　思考実験 (thought experiment) という言葉を使い，アリストテレスの運動論と異なる慣性の理論を発表した．中世の科学革命の先駆者であった．そこが，神学からの独立を目指す科学者がビュリダンを受け入れやすい点でもある．

＜ニコル・オレーム誕生＞

ニコル・オレーム (Nicole Oresme；Nicolas Oresme, 1323年頃 ～ 1382年) はフランスの北部のノルマンディー (Normandy) のカーン (Caen) 都市圏のアルマーニュ (Allemagne) の村で生まれ育った．裕福な生まれではなかったらしい．また，家族についての詳細な記録は残っていない．

パリで神学を学び，高い教養を身につけた．パリ大学でビュリダンと親しく接した．

リベラルアーツの真髄を極めた神学者

1356年，オレームは，コレージュ・ドゥ・メヴァール (Collège de Navarre) の教師となった．オレームは，フランス王シャルル5世に仕え，1361年，ルーアンの司教代理となり，1377年にノルマンディーのリジウー (Lisieux) の司教となった．

彼には，翻訳書や問題集に加え，経済，貨幣，数学，天文学，哲学，物理学，音楽などに関する多くの著書がある．中世後期の代表的な数学者のオレームは，16世紀の数学の革新へ向けてのろしを上げた．

オレームの実績1：翻訳と問題集

アリストテレスの著作をフランス語に翻訳し，『アリストテレスの政治学の書』 *"Le livre de politiques d'Aristote"*，『アリストテレスの（ニコマコス）倫理学の書』 *"Le livre de ethiques d'Aristote"*，『アリストテレスの経済学の書』 *"Le livre d'économique d'Aristote"*，『アリストテレスの天体・宇宙論の書』 *"Le livre du ciel et du monde d'Aristote"* を出版した．

オレームの講義は，問題を出して，それについて考えさせ，注釈するという当時の方法で行われた．アリストテレスの著作の問題集，『生成消滅論の問題集』 *"Quaestiones super De generatione et corruptione"*，『霊魂論の問題集』 *"Quaestiones super libros De amima"*，『自然学の問題集』

"*Quaestiones super libros Physicorum Aristotelis*",『アリストテレスの天体論の問題集』"*Quaestiones super Aristotelis de caelo et mundo*",『気象論の問題集』"*Quaestiones super libris Meteorologicorum*",『自然学小論文の問題集』"*Quaestiones super Aristotelis Parva naturalia (Quaestiones super de sensu et sensato)*" を書いた.

アリストテレス以外でも『ユークリッド幾何学に関する問題集』"*Quaestiones super Geometriam Euclidis*",『天球論問題集』"*Quaestiones de sphaera*",『流星の問題集』"*Questiones super libros meteororum*" 等,多くの問題集を書いた.

オレームの実績2：天文学と信仰

サクロボスコのヨハネスの著作の注解書,『天球論注解』"*Tractus de sphaera*" を書き,『天球論』"*Traité de l'espére*" や『天の運動の通約性と不可通約性』"*Tractatus de commensurabilitate vel incommensurabilitate motuum celi*" を著した.

『天体・地体論』"*Le livre du ciel et du monde*" で，紀元前360年頃のポントスのヘラクレイデスは，地は円をなして回転し，天界は静止していると主張したことがプラトンの『ティオマイオス』に記載されていると解説した [11]. そして，地が日周回転運動をしていることを支持し，確信していると述べた．その証拠となる天体の動きや相対運動を説明し，反対意見を証明するのは不可能であると断定した．オレームは，コペルニクスの約200年前に地動説を詳解した．

また，聖書の記述にも言及し，真の意味を理解すべきで，字義通りに受け取ってはならないと注意を促した．

最後に,「しかしながら，それにもかかわらず，すべての人びとは，地でなく天界がそのように動いていることを主張するし，わたしもそう信じる．実際,「神は地の球圏を，動くことのないように，堅く固定したのである (Deus enim firmavit orbem terre, qui non commovebibur)」と述べた．

「これはたんなる信念であり，明瞭に結論を下すようなものではないからである」と説明した．

そして，「だが，これまで述べたことをすべて考慮すれば，人は，それでもって，天界ではなく地がそのように動くのであると信じることができよう[7]」と記した．

この文は，真実に近づく「智」や「理性」と神を信じるという「信仰」のあり方を示したものである．一般には，オレームは地球が自転するという説を撤回したといわれているが，撤回したものでないことは，残された文章から明らかである．

オレームの実績3：数学

比例の法則について比例論を展開し，『比例の比例について』"De proportionibus proportionum" や『比例算法』"Algorismus proportionum" の論文を書いた．

彼は，『比例算法』で，$a^{m/n}$ という分数の指数を最初に用いた．

オレームの実績4：運動論

オレームは，座標幾何学の創始者のデカルトに先立って，幾何学的に座標軸（解析幾何学）を導入した関数の図形について本を出版した．

『動力と測定の図形化について』"Tractatus de figuratione potentiarum et mensurarum" という手書きの論文を書き，数学の発展に大いに貢献した．後に，『図の測度について』"Tractatus de latitudinibus formarum" で，2つの座標で点の位置を決定することが紹介された．

『質と運動の図形化』"Tractatus de configurationibus qualitatum et motuum" を執筆した．内包量の均一性と非均一性について考えがまとまり，線や曲線やあらゆる形の運動を表現できるようになったので，書かれたのが『質と運動の図形化』である．

第1部は，永続的な質の均一性と非均一性の図形化と力について，第2部は，継続するものの図形化と力について，第3部は，質の速さの獲得と測定について書かれた．一定の速度を描く線の下の領域が，総移動距離を表すことに論及した．

オレームの観察の対象は，人間をはじめ，ライオンや驢馬のような生物，天体，光学，音楽であり，愛や憎しみや快や幻視とあらゆるものであった．アリストテレスの『霊魂論』"De Anima" や『天体論』"De Caelo" の「感覚と感覚されるものについての考察」が，その根底にあった．

オレームの実績5：政治経済

ラテン語の『貨幣の変さらについて』"Tractatus de origine, natura, jure et mutationibus monetarum" を発行し，フランス語訳の "Traictie de la premiere invention des monnaies" も出された．

適正な金貨や銀貨などの貨幣について，重量，素材，金銀の比価，形態の変化について貨幣の鋳造の観点から述べ，さらに，貨幣は誰のものかなど，王の立場や，政治，経済，倫理の観点から貨幣論を展開した．

1349年，王の相談役として，ラテン語の『判断占星術師論駁』"Tractatus contra judiciarios astronomos" を著した．判断占星術 (Judicial astrology) とは，星の運行から未来を予言したり，いろいろな出来事を説明することである．1366年，日常語に翻訳した『占いについての書』"Livre de divinacions" を発行した．

それらの著書の中で，不思議な現象の原因について解明し，迷信や魔術師の王政への悪影響を考え，魔術や占星術を批判した．

＜『質と運動の図形化』の構成＞

第1部：永続的な質の均一性と非均一性の図形化

　まず，様態を観察し，測定する．測定のためには，点，線，面，あるいはそれらのものの固有性を把握することから始められた．

　線の内包量は，その長さである．内包量を何らかの次元に関係付けた．時間を考えた場合の線の第2の次元は幅であり，外延量と呼んだ．

　線の質の変化，つまり長さの変化や線の組み合わせが面を作ることによって，3角形や4角形などのいろいろな幾何学図形が描かれる．

　曲線の曲がり具合は，内包量の非均一性といわれ，非均一性の違いは，いろいろな曲線に見られる．オレームにとって，線などの幾何学図形は，いろいろなものを測定する，あるいは形成するものであった．

　魂や天使のような分割不可能な基体の質は外延量を持たない．幻視は，能動者と受動者の協力で成り立つ．能動者が神的な知的実体であり，受動者の鏡が磨かれている時，未来のことや秘められたことが幻視によって映し出される．オレームは，「神と共にありし数学者」であった．

第2部：継続するものの非均一性

　運動体の継続的持続では，継続するものとは，時間を意味する．時間のような継続は，「内包量は増加せず，前後の両方向に延長している」と観察した．彼は，円運動，落下のような直線運動，そして，木などの成長を考えた．速さという内包量が増加する現象を加速度と呼んだ．

　彼は例として，「ライオンが牛を襲う時の運動が非均一性である」とした．ライオンは，本能的にそのような図形化の方法を知っているという．

　時間以外に継続するものがあるのだろうか．神に関する微妙な記述なので，少し長いが引用させて頂く．

　「① 時間や運動のように，永続的ではないという仕方で継続的なものがある．② 非分割的で非質量的な実体のように，時間の中で，非分割的に継

続的に存在もしくは存在し続けなければならないとしても，その本性が全時間にわたって同一であり，けっして継続的でないという仕方で永遠なものがある．その筆頭である神は，継続的な本性をもたないし，継続的なものとして存在しかつ存在し続けることはけっしてない．神は，非分割的で無制約な永遠性によって非分割的に永劫まで続くのである．次に，③ 永続的だがそれでいて継続的な本性をもつものがある．それはある種の附帯性であり，たとえば比，相似性，曲がりぐあい，希薄さ，光がそうである．…中略…永続的な本性をもつものがほかにもある．④ それは，部分的に見れば，継続的であるが，全体的に見れば永続的な本性をもつものである．…中略…ところで，時間の部分部分で継続的に内包量が大きかったり，小さかったりするものは，時間の部分に関する速さの非均一性の様態に応じてさまざまに図形化される．このような仕方で継続的なものでは，時間が長さで示され，内包量の大きさは幅で示される．曲がりぐあい，熱さ，火の形相，そして上述の他の同様なものについても同じである [16]」と説明した．

　音楽が魂と身体に与える影響は大きく，誠実，威厳，敬虔，献身へと促す音楽があると説明した．このうえなく美しい調和が復活に続く至福の中で聞けるであろうと説いた．

　降霊術には，音の非均一性の図形化が大きな役割を果たすといわれると述べ，詐欺的な魔術や魂の閉じ込めによって幻影を見ることの過ちを指摘した．

第3部　質と速さの獲得と測定

　「点の運動によって，線分を作り出す．線の運動によって，面を作り出す．面の運動によって，立体を作り出す」ということが述べられた．

　「有限な平面は，外延量変化させることによって，長くすることができる．一方の次元を一定の比で減少させ，もう一方の次元を面積が変化しないように増加させる」とその過程を説明した．

3.6.3　音楽と調和級数

音と音楽

　音楽は，人が創り出した心地よい連続的な音の 1 つである．音調は音の振動数に依存し，振動数が多いと波長は短くなり，より高い音調となる．心地よい音は，複数の振動数の音が合わさって，うまく調和している．1 つの振動数だけの音は機械的な味気ない音に聞こえる．

　振動数は，音の波動が単位時間に繰り返される回数である．1 秒間の振動数 (frequency) の単位は，ヘルツ (Hz) である．電気，電波，音響などの工学系では周波数 (frequency) が使われている．人が聞くことができる可聴音の振動数は，20〜20000Hz である．

オレームの音楽論

　「本当の意味で一である」と言われる美しさと悪さという観点で，オレームは，「第一に適度な高低，第二に適度の音量，第三に高低の均一性，音量の美しい非均一性が美しい音を作る．」と分析した．「第二の仕方で一と言われる」音の美しさとして，「第一は感じ取れない休止と小さな音の適度な量である．第二に，要素的な音の継起における協和的混合が必要である．第三に，適当に図形化された音量の非均一性である．」と分析した．さらに，第三の仕方，第四の仕方で美しい音を分析し，音楽が持つ力の原因を明らかにした．

ハーモニーと調和数列

　一定の長さの弦は，同時に多くの振動数で振動する．それらの振動数は，最も低い振動数の整数倍になる．最も低い振動数は，基本周波数といわれる．振動数が 1, 2, 3, 4, 5, … 倍になると，波長は，

$$1, \frac{1}{2}, \frac{1}{3}, \frac{1}{4}, \frac{1}{5}, \cdots$$

倍となる．

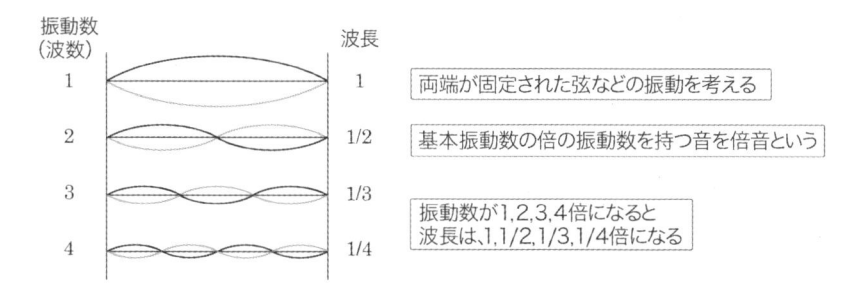

```
振動数
(波数)
  1         波長
            1      両端が固定された弦などの振動を考える
  2         1/2    基本振動数の倍の振動数を持つ音を倍音という
  3         1/3    振動数が1,2,3,4倍になると
  4         1/4    波長は,1,1/2,1/3,1/4倍になる
```

音楽の倍音 (overtone) やハーモニーとの関連から，このような数列は調和数列（harmonic progression）と呼ばれている．調和数列は，それぞれの項で逆数を取ると等差数列になる．

ゆっくりと増えていく調和級数が注目された

調和数列の和は，調和級数 (harmonic series) と呼ばれる．

$$\sum_{n=1}^{k}\frac{1}{n} = 1 + \frac{1}{2} + \frac{1}{3} + \frac{1}{4} + \frac{1}{5} + \cdots + \frac{1}{k}$$

一般化された調和関数 (generalised harmonic series) は

$$\sum_{n=1}^{k}\frac{1}{n^p}$$

である．

3 種類の級数が比較検討された

14 世紀になると，無限級数が収束する (convergence) か発散する (diverge) かに関して興味が持たれていた．調和級数は，無限に増加するが，増加量は無限に 0 に近づくので，収束すると考えられていた．

1350年頃，オレームは，無限級数の仕事をし，無限級数がある数値に限りなく近づくのではなく，どこまでも増え続ける，つまり，調和級数が発散することを証明した．幾何級数的増加，算術的増加，調和級数的増加の違いを図に示した．調和級数は非常にゆっくりと増加する．

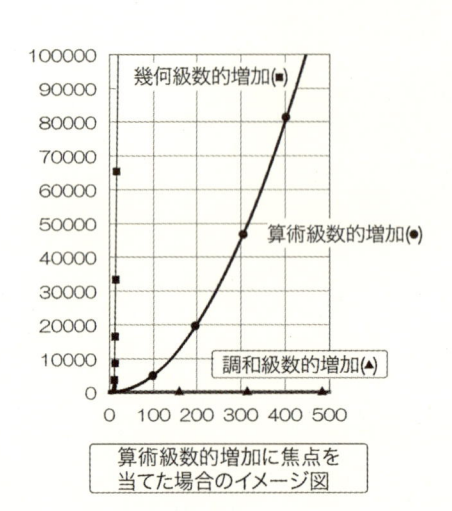

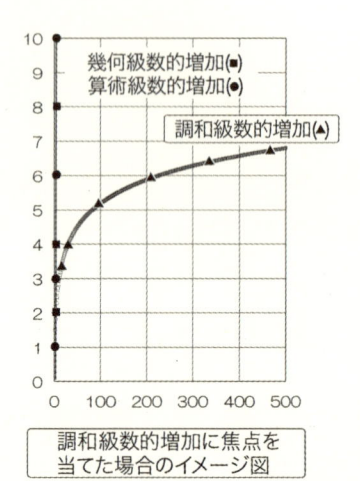

| 算術級数的増加に焦点を当てた場合のイメージ図 | 調和級数的増加に焦点を当てた場合のイメージ図 |

調和級数が発散することの証明

調和級数の n 番目までの部分和は

$$H_n = \sum_{k=1}^{n} \frac{1}{k} = 1 + \frac{1}{2} + \frac{1}{3} + \cdots + \frac{1}{n}$$

のように表現できる．

無限級数は，

$$\sum_{n}^{\infty} \frac{1}{n} = 1 + \frac{1}{2} + \frac{1}{3} + \cdots$$

と表される．

調和級数の発散は，次のように証明できる．1番目 $(n=1)$ の部分和は，

$$H_1 = 1 > 1 = 1 + 0\left(\frac{1}{2}\right)$$

と書ける．2番目，4番目，8番目の部分和は，それぞれ，

$$H_2 = 1 + \frac{1}{2} > 1 + \frac{1}{2} = 1 + 1\left(\frac{1}{2}\right)$$

$$H_4 = 1 + \frac{1}{2} + \left(\frac{1}{3} + \frac{1}{4}\right) > 1 + \frac{1}{2} + \left(\frac{1}{4} + \frac{1}{4}\right) = 1 + 2\left(\frac{1}{2}\right)$$

$$H_8 = 1 + \frac{1}{2} + \left(\frac{1}{3} + \frac{1}{4}\right) + \left(\frac{1}{5} + \frac{1}{6} + \frac{1}{7} + \frac{1}{8}\right)$$

$$> 1 + \frac{1}{2} + \left(\frac{1}{4} + \frac{1}{4}\right) + \left(\frac{1}{8} + \frac{1}{8} + \frac{1}{8} + \frac{1}{8}\right) = 1 + 3\left(\frac{1}{2}\right)$$

と書ける．一般化すると，n 番目 $(n=2^m)$ の部分和は，

$$H_{2^m} \geq 1 + m\left(\frac{1}{2}\right)$$

となる．このように，回数が増えるにしたがって，どんどん増えていくことが証明された．

同様な考え方で，正の整数 L で，

$$H_{L^m} \geq 1 + m\left(\frac{L-1}{L}\right)$$

発散を証明できる．いろいろな調和級数の変化形がある．また，いろいろな証明方法がある．

3.7 抽象次元と無限級数から求める円周率

3.7.1 大陸とイギリス

＜神と共にありしパスカルの数学研究＞

円錐曲線に神秘が隠されていた

　1637年，パスカルは円錐曲線に興味を持ち，若くして『円錐曲線試論』を書き，その興味を一生持ち続け，円錐曲線の研究を行った．

　円錐を切り取ってできる円錐曲線の1つに双曲線がある．その当時，円の面積の求積と共に，双曲線の下部の面積を求めることに興味が持たれた．その求積は，無限級数から求める円周率や微分，積分などの発展に寄与した．

パスカルの3角形と2項係数

　1643年，パスカルが20歳の時，算術3角形を発表した．パスカルの3角形の考え方は，今日のセルオートマトン（細胞自動生成機械）へと発展していった．

正方形のセルの第1列と第1行に1を入れる

セルの上の数字と左の数字を足したものが，そのセルの数となる

3角形に変形できるこのような形にすると美的な表現となる

数列の自動生成は，前掲の左側の図のような正方形の細胞（セル）で行われた．まず，第 1 行，第 1 列に母となる数，1 を入れる．(自動機械としては，1 以外の数を母数としてもよい．)

　その後，第 1 列と第 1 行には 1 を入れていく．次に，子となる数の生成は，そのセルの上の数字と左の数字を足すことによって行われる．例えば，第 1 子である第 2 列目の第 2 行目の細胞は，1 + 1 から 2 となる．

　このようにして，斜めに次々と数列を生成してでき上がる数の 3 角形が，パスカルの数 3 角形とか算術 3 角形と呼ばれるものである．その時の斜めの数列は同一世代であり，2 項係数を表している．

　前傾の右側の図のように，並べ方を変えると，全体の形は，正 3 角形となり，行に 2 項係数が現れる．

2 変数からなる 2 項式の指数が自然数のべき乗を展開する

　2 つの項の足し算は，2 項式（2 項表現）と呼ばれる．2 つの変数 x と y があり，2 項式を $x + y$ とすると，その自然数によるべき乗は

$$(x+y)^0 = 1$$
$$(x+y)^1 = x+y$$
$$(x+y)^2 = (x+y)(x+y) = x^2 + 2xy + y^2$$
$$(x+y)^3 = (x+y)(x+y)(x+y) = x^3 + 3x^2y + 3xy^2 + y^3$$
$$(x+y)^4 = (x+y)^2(x+y)^2 = x^4 + 4x^3y + 6x^2y^2 + 4xy^3 + y^3$$
$$\cdots\cdots\cdots\cdots$$

のように展開される．

　等式の左側は 2 項式の何乗というべき数の形である．その掛け算を順次行うと，多項式になる．それらの作業は展開といわれ，各項は展開項と呼ばれる．

上記の例から $(x+y)^n$ の展開式を推測する

パスカルの 3 角形の規則性から，n 乗の $(x+y)^n$ の展開式を推測する．まず，その展開式の k 項の変数の部分は，$x^{n-k}y^k$ となっていることが分かる．

次に変数に掛けられている数字を求める．ある規則を持ったこの数字は係数であり，2 項係数といわれる．k 番目の 2 項係数は次のように表現できる．

$$\frac{n(n-1)\cdots(n-k+1)}{1\cdot 2\cdot\cdots\cdot k}$$

このような展開の法則は，2 項定理と呼ばれた．パスカルの時代，2 項定理の指数 n は自然数であった．

＜ニュートンによるパスカルの 3 角形の拡張＞

自然数の指数から負の指数への拡張

1665 年，ニュートンが 2 項係数を一般化した．彼は，まず，2 項式の自然数乗から，2 項式の負のべき乗を加え，2 項式のべき乗の指数部を自然数から整数へ拡張した．

拡張のヒントは等比級数にあった．例えば，初項が 1 で，a 倍で増える（公比が a）等比級数の n 項は a^n と表される．その部分級数は，

$$S_n(a) = 1 + a + a^2 + a^3 + \cdots a^n$$

のように表される．その和は，$\sum$ を用いて，

$$S_n(a) = \sum_{k=0}^{n} a^k = \frac{1-a^{n+1}}{1-a}$$

のように表される．次に，公比が $-x$ の等比級数（部分級数）を考える．それは，

$$S_n(x) = 1 - x + x^2 - x^3 + \cdots (-x)^n$$

のように表される．各項の和は，$\sum$ を用いて，

$$\sum_{k=0}^{n}(-x)^k = \frac{1-(-x)^{n+1}}{1+x}$$

となる．この式から，$0 \leq x < 1$ の無限級数では，

$$1 - x + x^2 - x^3 + \cdots (-x)^n + \cdots = \frac{1}{1+x}$$

となることが分かる．これは次のように表現できる．

$$(1+x)^{-1} = 1 - x + x^2 - x^3 + \cdots (-x)^n + \cdots$$

自然数の指数から負の指数への拡張

パスカルの3角形の拡張を下図に示した．左側の図はパスカルの3角形を拡張したものである．$1,1,1,1,1,1,1,1$ と 1 が続く行から下が，べき数

1	-6	15	-20	15	-6	1	0
1	-5	10	-10	5	-1	0	0
1	-4	6	-4	1	0	0	0
1	-3	3	-1	0	0	0	0
1	-2	1	0	0	0	0	0
1	-1	0	0	0	0	0	0
1	0	0	0	0	0	0	0
1	1	1	1	1	1	1	1
1	2	3	4	5	6	7	
1	3	6	10	15	21		
1	4	10	20	35			
1	5	15	35				
1	6	21					

パスカルの3角形の拡張

1	-6	21	-56	126	-252	462	-792
1	-5	15	-35	70	-126	210	-330
1	-4	10	-20	35	-56	84	-120
1	-3	6	-10	15	-21	28	-36
1	-2	3	-4	5	-6	7	-8
1	-1	1	-1	1	-1	1	-1
1	0	0	0	0	0	0	0
1	1	0	0	0	0	0	0
1	2	1	0	0	0	0	0
1	3	3	1	0	0	0	0
1	4	6	4	1	0	0	0
1	5	10	10	5	1	0	0
1	6	15	20	15	6	1	0

拡張された2項係数

が整数のパスカルの3角形である．その拡張は，下へと時を経て生成する

オートマトンを上へと時を遡ることによって行われた．この図では，2 項係数の列は斜めに現れる．

2 項係数が横の行に来るように変形したものが，右側の図である．この図で，$1, 0, 0, 0, 0, 0, 0, 0$ の行は $(x+y)^0$ の 2 項係数を表している．そして，$1, -1, 1, -1, 1, -1, 1, -1$, の行は $(x+y)^{-1}$ の 2 項係数を表していると演繹的に類推できる．ニュートンは，このような 2 項式のべき乗の指数部を負に拡張した 2 項係数の表を用いた．

拡張算術 3 角形を幾何（等比）級数で予想する

初項が 1 で，公比が $-x$ の無限等比級数から，

$$(1+x)^{-1} = 1 - x + x^2 - x^3 + \cdots (-x)^n + \cdots$$

が導かれた．このこととパスカルの表から，$1, -1, 1, -1, 1, -1, 1, -1, \cdots$ が，$(a+b)^{-1}$ を展開したときの 2 項係数であることが予想できる．指数が正の場合は，2 項式の展開項は有限であるが，指数が負の場合は，展開項が無限に続く，無限級数となる．

無限小解析から 2 変数の負の 2 項係数を求める

無限小を用いた解析から，負の 2 項係数を求めることができる．2 変数の $(a+b)^{-1}$ を考える．仮に，$|a| > |b|$ とすると，第 1 次の近似値は，

$$(a+b)^{-1} = \frac{1}{a+b} \approx \frac{1}{a}$$

となる．より正確な近似値を求めるために，

$$\frac{1}{a+b} = \frac{1}{a} + \delta$$

とする．δ は，実の値と近似値の差である．この式から，

$$1 = \frac{a}{a} + \frac{b}{a} + a\delta + b\delta$$

が得られる．この式で非常に小さいとして $b\delta$ を無視すると，$\delta = -b/a^2$ が得られる．そこで，2次近似は，

$$\frac{1}{a+b} \approx \frac{1}{a} - \frac{b}{a^2}$$

となる．これらの作業を繰り返すことにより，

$$\frac{1}{a+b} = \frac{1}{a} - \frac{b}{a^2} + \frac{b^2}{a^3} - \frac{b^3}{a^4} + \cdots$$

が得られる．その式の両辺に a を掛けると，

$$\frac{a}{a+b} = \frac{1}{1+\frac{b}{a}} = \frac{1}{1} - \frac{b}{a} + \frac{b^2}{a^2} - \frac{b^3}{a^3} + \cdots$$

が得られる．ここで，$x = \frac{b}{a}$ と置くと，シンプルで重要な展開式

$$(1+x)^{-1} = 1 - x + x^2 - x^3 + \cdots (-x)^n + \cdots$$

が得られる．

整数へ拡張したニュートンの係数の表

ニュートンは，パスカルの3角形の向きを変えて，次の図のような係数の表を作った．

$x \times$	1	1	1	1	1	1	1	1
$x^3/3 \times$	-1	0	1	2	3	4	5	6	7
$x^5/5 \times$	1	0	0	1	3	6	10	15	21
$x^7/7 \times$	-1	0	0	0	1	4	10	20	35
$x^9/9 \times$	1	0	0	0	0	1	5	15	35
$x^{11}/11 \times$	-1	0	0	0	0	0	1	6	21
$x^{13}/13 \times$	1	0	0	0	0	0	0	1	7

ニュートンの負の2項係数

自然数の指数から非整数への拡張

指数が自然数の 2 項定理を，指数が負の数を含んだ整数に拡張した表を次の図のように補間し，非整数に拡張した．

x ×	1	1	1	1	1		1		1		1
$x^3/3$ ×	-1	-1/2	0	1/2	1	3/2	2	5/2	3	7/2	4
$x^5/5$ ×	1	3/8	0	-1/8	0		1		3		6
$x^7/7$ ×	-1	-5/16	0	3/48	0		0		1		4
$x^9/9$ ×	1	35/128	0	-15/384	0		0		0		1
$x^{11}/11$ ×	-1	-63/256	0	105/3840	0		0		0		0
$x^{13}/13$ ×	1	231/1024	0	-945/46080	0		0		0		0

ニュートンの一般2項係数

ニュートンのノートでは，すべての空白が埋められているが，ここでは，分かりやすくするために，第 2 列と第 4 列の補間を示した．

行の補間の例として，指数が -1 となる列と 0 となる列の間 $(-1/2)$ を補間法で埋めた．

その値は，それぞれ，差分による補間法から，

$$-\frac{1}{2} = -\frac{1}{2}$$
$$\frac{1\cdot 3}{2\cdot 4} = \frac{3}{8}$$
$$-\frac{1\cdot 3\cdot 5}{2\cdot 4\cdot 6} = -\frac{5}{16}$$
$$\frac{1\cdot 3\cdot 5\cdot 7}{2\cdot 4\cdot 6\cdot 8} = \frac{35}{128}$$
$$-\frac{1\cdot 3\cdot 5\cdot 7\cdot 9}{2\cdot 4\cdot 6\cdot 8\cdot 10} = -\frac{63}{256}$$
$$\frac{1\cdot 3\cdot 5\cdot 7\cdot 9\cdot 11}{2\cdot 4\cdot 6\cdot 8\cdot 10\cdot 12} = \frac{231}{1024}$$

というように計算された．

無限小解析で係数を求める

無限小を用いた解析から，負の非整数の指数を持つ 2 項係数を求めることができる．$(a+b)^{-\frac{1}{2}}$ を考える．仮に，$|a| > |b|$ とすると，第 1 次の近似値は，

$$(a+b)^{\frac{1}{2}} = \sqrt{a+b} \approx \sqrt{a}$$

となる．より正確な近似を求めるために，

$$(a+b)^{\frac{1}{2}} = \sqrt{a+b} = \sqrt{a} + \delta$$

とする．δ は，実際の値と近似値の差である．この式から，

$$(a+b) = \left(\sqrt{a} + \delta\right)^2 = a + 2\sqrt{a}\delta + \delta^2$$

得られる．この式で δ^2 を無視すると，$\delta = -b/(2\sqrt{a})$ が得られ，2 次近似は，

$$\sqrt{a+b} \approx \sqrt{a} + \frac{-b}{2\sqrt{a}}$$

となる．これを繰り返すことにより，

$$\sqrt{a+b} = \sqrt{a} + \frac{b}{2\sqrt{a}} - \frac{b^2}{8\sqrt{a^3}} + \frac{b^3}{16\sqrt{a^5}} - \frac{b^4}{128\sqrt{a^7}} + \cdots$$

が得られる．両辺を $\sqrt{a}$ で割ると，

$$\sqrt{1 + \frac{b}{a}} = 1 + \frac{b}{2a} - \frac{b^2}{8a^2} + \frac{b^3}{16a^3} - \frac{b^4}{128a^4} + \cdots$$

が得られる．ここで，$x = \frac{b}{a}$ と置くと，

$$(1+x)^{\frac{1}{2}} = 1 + \frac{1}{2}x - \frac{1}{8}x^2 + \frac{1}{16}x^3 - \frac{5}{128}x^4 + \frac{7}{256}x^5 - \frac{21}{1024}x^6 + \cdots$$

となる．

例えば，x^6 の係数は，

$$-\frac{1 \cdot 1 \cdot 3 \cdot 5 \cdot 7 \cdot 9}{2 \cdot 4 \cdot 6 \cdot 8 \cdot 10 \cdot 12} = -\frac{945}{46080} = -\frac{21}{1024}$$

というように計算された．

＜ニュートンによる円周率の算出＞

ニュートンが無限級数で円周率を算出した

1665年，ニュートンが無限級数を利用して，16桁の円周率を求めた．これが，無限の足し算を科学する新しい方法の夜明けとなった．

$$\left(1-x^2\right)^{\frac{1}{2}} = 1 - \frac{1}{2}x^2 - \frac{1}{8}x^4 - \frac{1}{16}x^6 - \frac{5}{128}x^8 + \cdots$$

各項の関数，$1, x, x^2, x^4, x^6, x^8, \cdots$ を面積で置き換えると，

$$S(x) = x - \frac{1}{2}\cdot\frac{x^3}{3} - \frac{1}{8}\cdot\frac{x^5}{5} - \frac{1}{16}\cdot\frac{x^7}{7} - \frac{5}{128}\cdot\frac{x^9}{9} - \cdots$$

となる．半径が1の単位円の場合，x に1を代入すると，円の 1/4（4分円）の面積となる．単位円の面積は，円周率に等しくなるので，4分円の面積を4倍すると円周率が求められる．

$$\frac{\pi}{4} = S(1) = 1 - \frac{1}{2}\cdot\frac{1}{3} - \frac{1}{8}\cdot\frac{1}{5} - \frac{1}{16}\cdot\frac{1}{7} - \frac{5}{128}\cdot\frac{1}{9} - \cdots$$

例えば，7項まで計算すると，

$$4S(1) \approx 1 - \frac{1}{2}\cdot\frac{1}{3} - \frac{1}{8}\cdot\frac{1}{5} - \frac{1}{16}\cdot\frac{1}{7} - \frac{5}{128}\cdot\frac{1}{9} - \frac{7}{256}\cdot\frac{1}{11} - \frac{21}{1024}\cdot\frac{1}{13} \approx 3.164$$

となる．

メルカトルは，対数関数を無限級数で表し，発表した

次のような無限級数は，北ドイツ生まれのニコラス・メルカトル (Nicholas Mercator, 1620 ～1687年) が，1668年に，対数に関する著書『対数計算法』"*Logarithmo-technica*" で，最初に発表したので，メルカトル級数 (Mercator series) と呼ばれた．

$$\ln(1+x) = \sum_{n}^{\infty} \frac{(-1)^{n+1}}{n} x^n = x - \frac{x^2}{2} + \frac{x^3}{3} - \frac{x^4}{4} + \cdots + \frac{(-1)^{n-1} x^n}{n} + \cdots$$

ただし，$-1 < x < 1$ である．

＜ニュートンと級数展開＞

ニュートンが無限級数を極めていた

1669年に書かれた手稿から，ニュートンがいろいろな級数展開を行っていたことが分かる．例えば，次のような2項式の展開式を得た．

$$\frac{1}{\sqrt{1-x^2}} = (1-x^2)^{-\frac{1}{2}} = 1 + \frac{1}{2}x^2 + \frac{1\cdot 3}{2\cdot 4}x^4 + \frac{1\cdot 3\cdot 5}{2\cdot 4\cdot 6}x^6 + \cdots$$

これを積分すると，円弧の長さが求められた．

$$arcsinx = x + \frac{1}{2}\frac{x^3}{3} + \frac{1\cdot 3}{2\cdot 4}\frac{x^5}{5} + \frac{1\cdot 3\cdot 5}{2\cdot 4\cdot 6}\frac{x^7}{7} + \cdots$$

1671年にグレゴリーが，1674年にライプニッツが，それぞれ独立に円周率を級数で表し，発表した．

$$\pi = 4\left(1 - \frac{1}{3} + \frac{1}{5} - \frac{1}{7} + \frac{1}{9} \cdots\right)$$

ニュートンは，流量と流率の観点から無限級数をまとめた

1671年，ニュートンは，『流率法と無限級数』"*Methodus fluxionum et serierum infinitarum(The method of fluxions and infinite series)*" "*Treatise of the method of fluction and infinite series*" を書き，それまでに得ていた微分，積分や無限級数についての知見をまとめた．これは，1736年に出版された．

1711年，W. ジョーンズは，ニュートンの『量の級数，流率，微分による解析』"*Analysis per quantitatum qeries, qluxiones, qc differentias: Cum enumeratione linearum tertii ordinis*" を出版した．

3.7.2 イギリスの伝統的な数学者，グレゴリー

＜グレゴリーの誕生と反射望遠鏡の製作＞

イギリスの数学者の家系に生まれる

ジェームズ・グレゴリー (James Gregory, 1638 〜 1675 年) は，スコットランドのドロモーク (Drumoak) で生まれた．アバディーンはエディンバラ，グラスゴーに次ぐスコットランド第 3 の港湾都市であるが，そのアバディーンから西へ入ったところにドロモークの村がある．

グレゴリーの両親

父のジョン・グレゴリーは，ファイフ (Fife) の東岸にあるセント・アンドリューズ (St. Andrews) のセント・メアリー・カレッジで，論理学を学んだ．古代には，ファイフは，ピクト人の王国であった．セント・アンドリューズには，セント・アンドリューズ大学 (University of St. Andrews) があり，ゴルフ発祥の地として有名である．

セント・アンドリューズ大学は，1413 年に設立されたスコットランド最古の大学であり，学部は，ユナイテッド・カレッジ，セント・メアリー・カレッジ，セント・レオナルド・カレッジがある．

母は，ジャネット・アンダーソンである．ジャネット・アンダーソンの叔父のアレキサンダー・アンダーソンは，フランスのアマチュア数学者フランソワ・ビエト (Franciscus Vieta) の生徒で，数学の教授となった．ジャネット・アンダーソンの父のデヴィッド・アンダーソンも数学者であった．

ヨーロッパの数学を血統が引き継いだ

フランソワ・ビエトは，1571 年，"*Canon Mathematicus*" を発表した．1591『解析学入門』"*In artem analyticam isagoge(Introduction to the analytic art)*"，1593 年，"*Supplementum geometriae*"，1600 年，"*De numerosa poteatatum resolutione* "を書き，代数学の父と呼ばれた．死後，1615 年,『角の切片についての普遍的な定理について』"*Ad angulares sectiones theoremata* "が出版された．

家族がグレゴリーに数学を教えた

ジェームズ・グレゴリーは，著名な数学者の家に生まれ，数学の豊富な知識を持った両親に育てられた．幼少の頃，幾何学の基礎を母親から教わった．

1651 年に父が亡なくなった．アバディーンの兄の元に行き，グラマー・スクール (Grammar School) に入学した．その頃になると，本格的な数学を 10 才年上の兄 (David) が教えた．グレゴリーは，兄から貰ったユークリッドの原論を苦もなく習得した．グラマー・スクールは，元々，ラテン語を教えるためにつくられた学校で，後に中等教育学校の 1 つとなった．

その後，同じアバディーンのマーシャル・カレッジ (Marischal College) に入り，そこを卒業した．

望遠鏡が世界を変える

古代から中世にかけてのインドでは，数学と天文学が 1 つになって研究され，発展した．しかし，目視による観察だけでは，天文学の発展には限界があった．

1600 年頃，ヨーロッパで望遠鏡が作られ，目視による観察の限界を打ち破り，天文学を大きく発展させた．望遠鏡 (telescope) は，遠くにあるものを観測する道具である．対物レンズが凸レンズで，接眼レンズが凹レンズであれば正立像が得られた．

オランダの眼鏡職人，ハンス・リパシューが，1608 年に望遠鏡の特許を申請した．ハンス・リパシューは，軍用の望遠鏡を作った．実際には，望遠鏡はその数十年前から作られていた．

ガリレオやケプラーらが望遠鏡で天体観測をした

　ガリレオ・ガリレイは，1609年に望遠鏡を自作し，天体を観測した．その望遠鏡は，ガリレオ式望遠鏡と呼ばれた．1613年，イングランド王ジェームズ1世は，徳川家康に望遠鏡を献上した．当時，日本では，望遠鏡は遠眼鏡（とおめがね）と呼ばれた．
　ヨハネス・ケプラーは，対物レンズと接眼レンズの両方に凸レンズを用いた屈折望遠鏡を作り，高倍率を実現した．ケプラー式望遠鏡と呼ばれている．ケプラーは望遠鏡を用いた観察から，天体は円運動でなく，楕円運動をしていることを明らかにした．

グレゴリーが世界で初めて反射望遠鏡を作る

　1663年，グレゴリーはロンドンに行き，レンズを用いないで，2枚の凹面鏡で反射させるグレゴリー式反射望遠鏡に関する著書『進歩した光学』*"Optica Promota"* を発表した．その本は，バネに関するフックの法則で有名なロバート・フック，王立協会の設立メンバーの一人で，当時，会長のモレーらが注目し，関心を寄せた．
　1663年，グレゴリーがロンドンに行った時，ニュートンは，ケンブリッジにあるトリニティー・カレッジの学生であった．グレゴリーは，ニュートンの才能を見いだし，応援した．グレゴリーの理論を学んだニュートンは，1668年にニュートン式反射望遠鏡を製作した．1672年にフランスで，カトリックの僧のロラン・カセグレン (Laurent Cassegrain) が，カセグレン式望遠鏡を作った．

＜ヨーロッパで最新の数学を知った＞
イタリアで最新の数学を学んだ

　グレゴリーは，1664年から3年間ヨーロッパで過ごした．主に，イタリアのパドヴァ大学 (Universita degli Studi di Padova, 略称 UNIPD) で過ごし，フランダース，ローマ，パリなどを訪れた．

　パドヴァ(Padova, Padua) は，北イタリアの古い都市である．パドヴァ大学は，1222年に設立されたイタリアで2番目に古い大学である．ガリレオやダンテが教授を務めた．

　グレゴリーは，ピエトロ・メンゴーリからガリレオの理論を学んだ．メンゴーリは，ガリレオの弟子のカヴァリエリの弟子で，ガリレオの孫弟子であった．グレゴリーのイタリアでの評判は，上々であった．

イエズス会士の聖ヴァンサンのグレゴリー

　ベルギーで生まれた聖ヴァンサンのグレゴリー (Grégoire de Saint-Vincent, Gregory St. Vincent, S.J.) は，クリストファー・クラヴィウス (Christopher Clavius) から数学を学んだ．クラヴィウスは，ドイツで生まれ，ローマのイエズス会士となり，ローマ学院の数学教授であった．小数点を使った表記を始めた．

　聖ヴァンサンのグレゴリーは，無限解析の第一人者であり，解析幾何学の創設者の一人で，円や円錐曲線の平方化から面積を出す方法（積分）を研究した．双曲線の積分が自然対数になるのを見いだした．1647年,『円と円錐曲線の平方化に関する幾何学的研究』"*Opus geometricum quadraturae circuli et sectionum coni* " で発表した．

　円錐を平面で切り出して得られる円錐曲線の一つに双曲線 (hyperbola) がある．双曲線とは，ある2点からの距離の差が一定である点の集まりでできた曲線をいい，

$$\frac{x^2}{a^2} - \frac{y^2}{b^2} = 1$$

のように表される．

　反比例の式 $xy = a$ の曲線は，双曲線の一つであり，その下部の求積が研究された．

　イギリスのグレゴリーは，聖ヴァンサンのグレゴリーの理論を学んで帰国し，それを集大成した．その時にメルカトル級数の情報も得ていたと考えても不自然ではない．

グレゴリーが無限級数で円周率を算出した

　グレゴリーは 1667 年に，『幾何学演習』"$Exercitationes\ geometricae$" を出版した．

　その中で，$\sin x$，$\cos x$，$\arcsin x$，$\arccos x$ などの級数展開について述べた．また，3 角関数や対数関数をべき級数で展開した．

$$\sin x = \sum_{n=0}^{\infty} (-1)^n \frac{x^{2n+1}}{(2n+1)!} = \frac{x^1}{1!} - \frac{x^3}{3!} + \frac{x^5}{5!} - \frac{x^7}{7!} + \frac{x^9}{9!} \cdots$$

$$\cos x = \sum_{n=0}^{\infty} (-1)^n \frac{x^{2n}}{(2n)!} = \frac{x^0}{0!} - \frac{x^2}{2!} + \frac{x^4}{4!} - \frac{x^6}{6!} + \frac{x^8}{8!} \cdots$$

$$\arcsin x = \sum_{n=0}^{\infty} \left(\frac{(2n)!}{2^{2n}(n!)^2} \right) \frac{x^{2n+1}}{2n+1}$$

$$= x + \left(\frac{1}{2} \right) \frac{x^3}{3} + \left(\frac{1 \cdot 3}{2 \cdot 4} \right) \frac{x^5}{5} + \left(\frac{1 \cdot 3 \cdot 5}{2 \cdot 4 \cdot 6} \right) \frac{x^7}{7} \cdots$$

$$\arccos x = \frac{\pi}{2} - \sum_{n=0}^{\infty} \left(\frac{(2n)!}{2^{2n}(n!)^2} \right) \frac{x^{2n+1}}{2n+1}$$

$$= \frac{\pi}{2} - \left(x + \left(\frac{1}{2} \right) \frac{x^3}{3} + \left(\frac{1 \cdot 3}{2 \cdot 4} \right) \frac{x^5}{5} + \left(\frac{1 \cdot 3 \cdot 5}{2 \cdot 4 \cdot 6} \right) \frac{x^7}{7} \cdots \right)$$

　上の式で，$x^0 = 1$，$0! = 1$ である．

　『幾何学演習』の付録の『円と双曲線の正方形化』"$Vera\ circuli\ et\ hyperbolae\ quadratura\ (The\ true\ squaring\ of\ the\ circle\ and\ of\ the\ hyper$-

$bola)$" で，円や双曲線の面積を収束する無限級数から求める方法について述べた．

1668 年,『普遍的幾何学』"$Geometriae\ pars\ universalis(The\ universal\ part\ of\ geometry)$" を出版した．

独自に 3 角関数や逆 3 角関数を級数で表現することを再発見した

1668 年，グレゴリーはロンドンに戻った．同年，ロンドン王立協会会員となった．

そして，1669 年，エディンバラのセント・アンドリューズ大学教授となった．同年，画家のジョージ・ジェムソン (George Jamesone) の末娘のメアリー (Mary) と結婚した．

1671 年，14 世紀にインドの数学者が発見していたアークタンジェント級数から円周率が求められる級数を再発見し，手紙で報告した．

$$\arctan x = \sum_{n=0}^{\infty} (-1)^n \frac{x^{2n+1}}{2n+1} = x - \frac{x^3}{3} + \frac{x^5}{5} - \frac{x^7}{7} + \frac{x^9}{9} \cdots$$

この式は，グレゴリー級数と呼ばれている．

1674 年，エディンバラ大学 (University of Edinburgh) の数学の教授となる．

この年，ライプニッツが，グレゴリーとは独立に円周率を級数で表した．タンジェントが 1 となる角度は $\pi/4$ であるということを式で表すと，

$$\arctan(1) = \frac{\pi}{4}$$

となる．これをグレゴリー級数に当てはめると，

$$\pi = 4\left(1 - \frac{1}{3} + \frac{1}{5} - \frac{1}{7} + \frac{1}{9} \cdots\right)$$

となり，ライプニッツの式と同じ式が求められる．

その式は，グレゴリー・ライプニッツ級数と呼ばれた．

角度を長さの比に変換する関数

角度を長さの比に変換する関数には，3角関数と割3角関数がある．3角関数には，正弦関数 (サイン；sine, sin)，余弦関数 (コサイン；cosine, cos)，正接関数 (タンジェント；tangent, tan) がある．その逆数の割3角関数には，正割関数 (セカント；secant, sec)，余割関数 (コセカント；cosecant, csc or cosec)，余接関数 (コタンジェント；cotangent, cot) がある．3角関数と割3角関数の間には，

$$(\sin \theta)^{-1} = \frac{1}{\sin \theta} = \sec \theta$$
$$(\cos \theta)^{-1} = \frac{1}{\cos \theta} = \csc \theta$$
$$(\tan \theta)^{-1} = \frac{1}{\tan \theta} = \cot \theta$$

という関係がある．

比を角度に変換する関数

3角関数の逆関数は逆3角関数 (inverse trigonometric function) と呼ばれている．逆正弦関数 (インバース・サイン；inverse sine)，逆余弦関数 (インバース・コサイン；inverse secant)，逆正接関数 (インバース・タンジェント；inverse tangent) などがある．

arcsin r	arccos r	arctan r
対辺と斜辺の比を角度に変換する	底辺と斜辺の比を角度に変換する	対辺と底辺の比を角度に変換する

逆正弦関数はアークサイン (arcsin)，逆余弦関数はアークコサイン (arccos)，逆正接関数はアークタンジェント (arctan) と呼ばれる．逆3角関

数は，

逆正弦関数： $\sin^{-1} r = \theta$, $\arcsin r = \theta$, $\mathrm{A}\sin r = \theta$

逆余弦関数： $\cos^{-1} r = \theta$, $\arccos r = \theta$, $\mathrm{A}\cos r = \theta$

逆正接関数： $\tan^{-1} r = \theta$, $\arctan r = \theta$, $\mathrm{A}\tan r = \theta$

などと表される．

角度を弧の長さ（の比）で定義する場合，逆三角関数は，弧の長さ θ（の比）と直角3角形の辺（の長さ）r が変数となる．

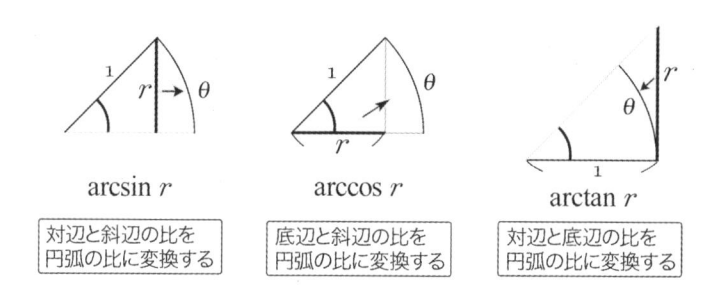

arcsin r — 対辺と斜辺の比を円弧の比に変換する

arccos r — 底辺と斜辺の比を円弧の比に変換する

arctan r — 対辺と底辺の比を円弧の比に変換する

インドで生まれ，ヨーロッパを経由しイギリスで仕上げられた

グレゴリーは，無限小計算の完成に本質的な貢献をし，扇形の面積計算法を仕上げた．彼の子どもも数学者となった．

3.7.3　級数を用いた円周率の計算

＜エイブラハム・シャープ＞

シャープは，呉服商見習いから数学者となった

　エイブラハム・シャープ (Abraham Sharp，1653 ～ 1742 年) は北イングランドに位置するブラッドフォード (Bradford) のリトル・ホールトン (Little Horton) で生まれた．現在，ブラッドフォードはウェスト・ヨークシャー州に属し，近くに 1832 年創立のブラッドフォード大学がある．

　父のジョン・シャープ (John Sharp) は，農業や商売で富を築いた．そして，市民戦争の間，議会軍のトーマス・フェアファクス (Thomas Fairfax) 将軍の金融担当副大臣をした．父は，数学や天文学に興味があり，たくさんの本を集めた．裕福な家庭に育ったエイブラハムの兄弟は教養を身につける境遇に恵まれた．

　シャープは，村の小学校とブラッドフォードの中学校を卒業し，1669 年，商人見習いとなり，呉服商で働いた．その間，リバプール (Liverpool) で書き方や商業計算を教えた．

ロンドンに出て数学者と交流を持った

　1672 年，父の遺産の一部を相続した．それを契機に，商人見習いをやめてロンドンに出た．1684 年，天文学者ジョン・フラムスチード (John Flamsteed) の助手として，グリニッジ天文台で働いた．その間，ロンドンで数学者と交流を持った．1688 年，グリニッジ天文台に招かれた．

　1690 年頃，ロンドンで，数学を教えたり，造船所の書記をしたりして暮らした．1694 年，家を継ぐために故郷に戻り，その後，ブラッドフォードの長老派の教会のパトロンとして知られるようになった．

　彼は，新しく台頭した裕福な市民層に属し，伝統的な数学者とは一線を画した．

シャープは，円周率を 72 桁まで求めた

1699 年に，シャープはグレゴリー・ライプニッツ級数に $x = 1/\sqrt{3}$ を代入して，π を 72 桁 (decimal places) まで求め，それがニュートンによって紹介された．また，彼は 1717 年,『進歩した幾何学』"Geometry Improved" を出版し，多面体の表と計算を紹介した．四角形の表面で，木のキューブから切り出した 120 面体が示された．彼の多面体は，芸術の域に達していた．

＜ウイリアム・ジョーンズ＞
官僚で数学者のジョーンズが π の記号を初めて使った

ウイリアム・ジョーンズは (William Jones，1675 〜 1749 年) はウェールズのアングルシー島 (Anglesey) の農家に生まれた．父が亡くなり，家は貧しかった．彼は数学の才能を発揮し，土地の名士の援助を得て，ロンドンの会計事務所で職を得た．ロンドンで数学を教え，政府の官職にも就いた．

1702 年，"A new compendium of the whole art of navigation" を出版し，3 角関数の実用的な計算法について説明した．

円周率に π という記号を使った

1706 年，ウイリアム・ジョーンズは『数学の傑作の梗概，新数学入門』"Synopsis palmariorum matheseosa, or A new introduction to mathematics: Containing the principles of arithmetic & geometry, demonstrated, in a short and easie method; with their application to the most useful parts thereof ... Design'd for the benefit, and adapted to the capacities of beginners" を出版し，その中で，円周率の "$\pi\varepsilon\rho\iota\phi\varepsilon\rho\iota\alpha$" を

略して π という記号を始めて使った．微分や級数を説明し，マチンが 100 桁までの円周率を求めたことを紹介した．

彼は，ニュートンやハーレーと親しく付き合い，1712 年，ロンドン王立協会の会員となった．そのこともあって，官僚や役人を含めた幅広い層に数学が浸透した．

＜ジョン・マチン＞

シャープの記録は，マチンによって破られた

ジョン・マチン (John Machin，1680?～1751 年) はイギリスで生まれたが，マチンの初期の人生の記録は残っていない．

1701 年，マチンは，テイラーの家庭教師をした．テイラーは，セント・ジョーンズ・カレッジに入学し，2 年目であった．マチンとテイラーは喫茶店で数学の話をしたと言われ，2 人は長い間交流があった．1710 年，マチンはロンドン王立協会のフェローに選ばれた．

1713 年，マチンはグレシャム大学の天文学教授となった．グレシャム大学は，16 世紀に，「悪貨は良貨を駆逐する」で有名なトーマス・グレシャム (Thomas Gresham) がつくった大学である．グレシャム大学は，計算尺を発明したエドマンド・ガンターなど有名な天文学教授を多く輩出した．

マチンはマチンの公式を発見し，その関係式にグレゴリー・ライプニッツ級数を用いて 100 桁までの円周率を求めた．

第4章
いろいろな関数を足し算で表す

4.1 多項式

4.1.1 数学の式

フランス革命から始まった数式を使わない啓蒙書

　フランス革命の頃，数式の記号化が成熟し，天文学や数学などの論文や専門書に多くの数式が使われ，印刷された．一方，革命によって身分制度が崩壊し，自由平等になり，専門書を読む層が拡大した．ラプラスは，数式を用いた専門書と数式がまったくない啓蒙書を対で出版した．

　その流れが続き，その後，数式が多い書籍は敬遠される傾向が増幅した．しかし，最近では数式の良さが見直され，数式が書かれた啓蒙書も出版されるようになった．

日本語では，記号で表したものは，式がつく合成語でまとめられた

　式がつく日本語の数学の言葉は，方程式，公式，単項式，2項式，多項式，代数式，恒等式，計算式，等式，不等式，整式，数式，論理式等たくさんある．

　これらの言葉は，形容詞+式という形であり，式でひとまとめにして使われる．式を敬遠する場合は，これらをまとめていっている場合が多い．

　数学の式といえば，日本では「方程式」を思い浮かべる人が多いであろう．そして，方程式は苦手であるという言葉が続く．

　式が付く言葉は，式の用いられ方から，大きく論理式と数式に分けられるが，別の角度から式が付く言葉を見てみる．

英語では数学用語に，それぞれに適した日常単語が用いられた

　日本人が通常思い浮かべる式に当たる英語は，"equation"であろう．数式のように，式が付く言葉はたくさんあるが，英語では，形容詞＋equationとはならず，いろいろな言葉が用いられる．

　数式は，数字，文字，記号で表され，英語では，"mathematical expression" あるいは単に "expression"（表現）と呼ばれる．

　英語で式が付く言葉は，"expression"（式），"equation"（方程式，等式），"formula"（公式），"numerical formula"（数式），"identity"（恒等式），"inequality"（不等式）"monomial"（単項式）等，式の種類に応じた言葉が用いられている．

式よりも数学的な表現が大切

　"equation"（方程式，等式）は日本人になじみが深いが，"expression"（表現）はなじみが薄い．多項式は "polynomial expression" であって，"polynomial equation" ではない．多項式は多項表現と訳した方が，その意味がよく分かり，適切である．

英語の，形容詞＋式

　式に関連する英語の複合語としては．"binomial expression"（2項式），"polynomial expression"（多項式），"algebraic expression"（代数式），"integral expression"（整式），"equivalent expression"（同等式）"mathematical formula/numerical expression"（算式），"arithmetic expression"（算術式），"rational expression"（比例式），"mathematical expression"（数式）等がある．

4.1.2 表現と多項式

数学は芸術だ

表現方法の例として，どのような人かを伝えたい時，年齢，体重，身長などで表現できる．その他にも，数字と記号を用いて，物の大きさ，形，速さから，出来事まで，さまざまなものが表現できる．

英語のアート "art" には，芸術の他に，技術，人文科学，教養科目という意味がある．芸術にもいろいろあるが，音楽は，音符で作られ，俳句や文学は，文字で作られる．数式で表現したものも芸術になりうる．数学の式，表現 (expression) は，芸術である．

数学は未来を予測する

数式はいろいろなものを表現するというだけでなく，予測することが可能である．ここでいう予測には，未来予測や過去推測，位置，速度等の物理量の推量が含まれる．

方程式を解くことも予測の一つであり，その時の x は，未知数である．表現の方の数式でも予測ができ，その時の x は，変数である．

多項式は表現する

整式は表現 (expression) の方の式である．整式とは，いくつかの文字でできた代数式で，分母や根号の中にそれらの文字が含まれていないものをいう．

多項式は 2 つ以上の単項式を加号 (+) または，減号 (−) で結び付けた整式である．例えば，

$$a_0 x^0 + a_1 x^1 + \cdots + a_{n-1} x^{n-1} + a_n x^n$$

で表されるようなものは，多項式と呼ばれる．a_n は係数である．変数 (variable) の x は未知，あるいは不定の数であり，不定元 (indeterminate) ともいう．$a_n \neq 0$ のとき，その多項式は n 次である．

　数学の記号化は，代数学の父と呼ばれるフランソワ・ビエトが始め，デカルトやライプニッツの頃から加速的に進化した．現在では，定数は a, b, c, 変数は x, y, z, 整数は m, n というアルファベットが使い分けられるようになった．

$$y = a_0 x^0 + a_1 x^1 + \cdots + a_{n-1} x^{n-1} + a_n x^n$$

の形になると，整式は，等式となる．

多項式の例

　例を挙げて，単項式や多項式を見てみる．

$$4$$

は単項式 (monomial) である．

$$2x + 4$$

は 2 項式である．

　多項式（多項表現）は定数および不定元の和と積のみからなる次のような表現である．

$$x^2 + 2x + 4$$

個々の x^2, $2x$, 4 は項 (term) と呼ばれている．

$$\frac{1}{x+1}$$

は多項式ではない．2 項式 $x + 1$ の -1 乗という表現はできる．

4.1.3 多項式と補間

補間という予測

簡単な例で，いくつかの点での関数値から，他の点の値を推測する数学的な予測過程を見てみる．

1人で働くと2万円の収入が得られる．3人で働くと6万円得られる．では，2人ではいくらの収入が得られるか．

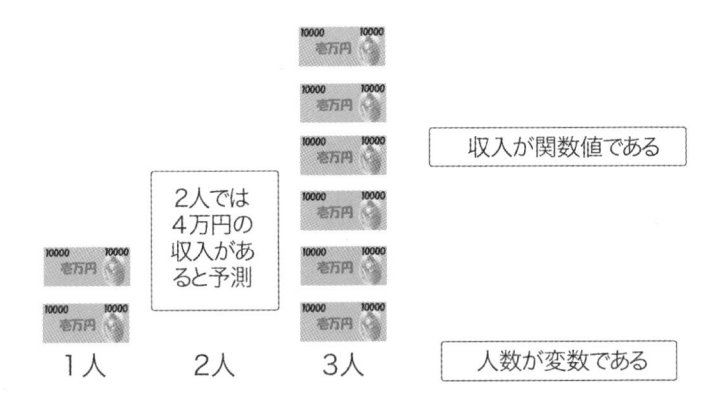

2人では，4万円になると，予想できる．

1次式で補間し，予測する

この例題で変化している数は，人数（人）と収入（円）である．つまり，2つの変数がある．これらの2つの変数を x と y とする．そして，x と y の関係式を1次式とすると

$$y = ax + b$$

という方程式が立てられる．

x が1の時の y の値が2，x が3の時の y の値が6から，x が2の時の値を推測する．$x = 1$, $y = 2$ を代入すると

$$2 = a + b$$

$x = 3$, $y = 6$ を代入すると

$$6 = 3a + b$$

となり，2つの式は

$$a = 2, \ b = 0$$

の時に満足するから，1次式は

$$y = 2x$$

となる．これに

$$x = 2$$

を代入して，

$$y = 4$$

が求まる．

補間法は古代から用いられていた

　補間法は，古代から天体の位置計算等に用いられ，その記録が残っている．
　紀元前300年以前に，バビロニアの天文学者は，太陽や月の位置を割り出す時，そのギャップを埋めるために，補間法を用いた．
　紀元前150年頃，ロードス島のヒッパルコス (Hipparchus) は弦関数の表を作成するために線形の補間法を用いた．
　紀元前140年頃，クラウディオス・プトレマイオス (Claudius Ptolemaeus, Ptolemy) は，天体の運行を知るために補間法を用いた．著書の『アルマゲスト』"*Almagest* " で地球が宇宙の中心であるという天動説を紹介した．アルマゲストの原典の名は『数学全書』"*Mathematike Syntaxis* " である．

4.2 多項式と差分

4.2.1 2次の補間法

数値解析

非連続であったり，非相関のものは予測し難いが，連続的に変化するものは予測しやすい．そのような数値解析 (numerical analysis) は，連続的な対象の問題を解く数学の一分野である．

多項式補間は，数値解析の一分野である．データのまとまり (セット) から多項式を決定して，補間をすることを多項式補間 (polynomial interpolation) という．

離散数学

一方，離散数学 (discrete mathematics) は，基本的に離散的な（非連続，非相関の）対象を扱う．有限数学 (finite mathematics) ともいう．

バビロニアや古代ギリシャの数学は，インドに受け継がれた

インドの天文台長をしていたブラマグプタ (Brahmagupta, 598 〜 668年?) は，3角関数の表の補間に2次の補間法を用いた．

当時のインドでは，$3\frac{3}{4}°$ (3°45′) 間隔で，正弦表などの3角関数の表が作られた．12世紀のバースカラ II まで，その習慣は続いた．7世紀に，ブラマグプタは，

$$f(x+nh) = f(x) + \frac{n}{2}(\Delta f(x) + \Delta f(x-h)) + \frac{n^2}{2}(\Delta f(x) - \Delta f(x-h))$$

というような補間式を用いた．

4.2.2 高次の補間法

高次式で補間し，予測する

正しく予測するには，データの数が多いほうがよい．データの数が多くなると，より高次の式で近似することが可能になる．

$$x_0 < x_1 < x_2 < \cdots < x_{d-1} < x_d$$

を相異なる $d+1$ 個の数とし，

$$y_0, y_1, y_2, \cdots y_{d-1}, y_d$$

を $d+1$ 個の数とする．この時，

$$y_i = f(x_i) \quad i = 0, 1, 2, \cdots, d-1, d$$

となる高々 d 次の多項式 $f(x)$ が唯一つ存在する．

次数が大きくなると分かりにくくなる

　数式が分かりにくくなるのは，それが複雑になるからである．複雑になるのは，数式の変数の数が多くなる，次数が大きくなる，項の数が多くなる，特殊な記号が使われるなどの理由が考えられる．
　変数の数は，次元に対応する．例えば，x と y が変数のときは2次元である．
　次元が線，面積，体積など具体的なものに対応する時，次数が次元と関係する．一方，数学的には，特に多項式では，データの数によって最も大きくなる次数が決まる．

4.2.3　3次の差分

多項式の係数を求める

例えば，3次の多項式は，次のような一般的な表現方法を用いて
$$P(x) = a_0 + a_1 x^1 + a_2 x^2 + a_3 x^3$$
と表される．

係数の a_0, a_1, a_2, a_3 が決まれば，特定の多項式が求められ，その式によって，3次の多項式による補間により必要なデータが得られる．

一般的な表現方法の多項式を次のように書き換える．
$$P(x) = A_0 + A_1 \frac{x}{1} + A_2 \frac{x(x-1)}{1 \cdot 2} + A_3 \frac{x(x-1)(x-2)}{1 \cdot 2 \cdot 3}$$
この式の x にそれぞれ 0, 1, 2, 3 を代入すると，A_0, A_1, A_2, A_3 が求められる．A_0, A_1, A_2, A_3 が求められれば，式を変形して a_0, a_1, a_2, a_3 が求められる．

差分商を用いて4つのデータ点から係数を求める

x が変数の3次の多項式で，x が 0, 1, 2, 3 の時の4点のデータがあるとする．

$P(0) = a_0 = A_0$

$P(1) = a_0 + a_1 + a_2 + a_3 + a_4 = A_0 + A_1$

$P(2) = a_0 + a_1 2^1 + a_2 2^2 + a_3 2^3 + a_4 2^4 = A_0 + 2A_1 + A_2$

$P(3) = a_0 + a_1 3^1 + a_2 3^2 + a_3 3^3 + a_4 3^4 = A_0 + 3A_1 + 3A_2 + A_3$

となる．それらのデータの差を取る．

$\Delta P_0 = P(1) - P(0) = A_1$

$\Delta P_1 = P(2) - P(1) = A_1 + A_2$

$\Delta P_2 = P(3) - P(2) = A_1 + 2A_2 + A_3$

さらに，それらの式の差を取る．

$$\Delta^2 P_0 = \Delta P_1 - \Delta P_0 = A_2$$
$$\Delta^2 P_1 = \Delta P_2 - \Delta P_1 = A_2 + A_3$$

さらに，それらの式の差を取る．

$$\Delta^3 P_0 = \Delta^2 P_1 - \Delta^2 P_0 = A_3$$

このようにして，係数 A_n が求められる．

これらは次のようにまとめられる．

$P(0) = A_0$

$ A_1$

$P(1) = A_0 + A_1 A_2$

$ A_1 + A_2 A_3$

$P(2) = A_0 + 2A_1 + A_2 A_2 + A_3$

$ A_1 + 2A_2 + A_3$

$P(3) = A_0 + 3A_1 + 3A_2 + A_3$

Δ は 1 回めの差を，Δ^2 は 2 回目の差を，Δ^3 は 3 回目の差を表す．

4.2.4　4次の多項式で，差分の実例

多項式の差分の概略を理解するために，3次の多項式を例として説明した．2次では，簡単すぎて分かりにくく，4次では，複雑すぎるからである．

実際に差分を計算するのは，足し算と引き算をこつこつと繰り返せばよい．計算の手順を理解するために，係数をすべて1と分かりやすくして，4次の多項式で例を示す．

では，実例を見てみよう．多項式を x の関数 $P(x)$ とする．多項式を4次とし，各次数の係数を全部1とすると

$$P(x) = 1 + x + x^2 + x^3 + x^4$$

となる．その多項式の x に 0, 1, 2, 3, 4 を代入すると，それぞれ，次のようになる．

$$P(0) = 1 + 0 + 0^2 + 0^3 + 0^4 = 1$$
$$P(1) = 1 + 1 + 1^2 + 1^3 + 1^4 = 1 + 1 + 1 + 1 + 1 = 5$$
$$P(2) = 1 + 2 + 2^2 + 2^3 + 2^4 = 1 + 2 + 4 + 8 + 16 = 31$$
$$P(3) = 1 + 3 + 3^2 + 3^3 + 3^4 = 1 + 3 + 9 + 27 + 81 = 121$$
$$P(4) = 1 + 4 + 4^2 + 4^3 + 4^4 = 1 + 4 + 16 + 64 + 256 = 341$$

このようにして得られた値を縦に並べて，それらの差を取っていくと，次のようになる．1回目の差を $\Delta P(x)$，2回目の差を $\Delta^2 P(x)$，3回目の差を $\Delta^3 P(x)$，4回目の差を $\Delta^4 P(x)$ というように表記する．

x		$P(x)$	$\Delta P(x)$	$\Delta^2 P(x)$	$\Delta^3 P(x)$	$\Delta^4 P(x)$
0	=	1				
			4			
1	=	5		22		
			26		42	
2	=	31		64		24
			90		66	
3	=	121		130		
			220			
4	=	341				

この結果を

$$P(x) = A_0 + A_1 \frac{x}{1} + A_2 \frac{x(x-1)}{1 \cdot 2} + A_3 \frac{x(x-1)(x-2)}{1 \cdot 2 \cdot 3}$$
$$+ A_4 \frac{x(x-1)(x-2)(x-3)}{1 \cdot 2 \cdot 3 \cdot 4}$$

に代入すると,

$$P(x) = 1 + 4\frac{x}{1} + 22\frac{x(x-1)}{1 \cdot 2} + 42\frac{x(x-1)(x-2)}{1 \cdot 2 \cdot 3}$$
$$+ 24\frac{x(x-1)(x-2)(x-3)}{1 \cdot 2 \cdot 3 \cdot 4}$$

となる.

このように，差分法によって

$$P(x) = 1 + x + x^2 + x^3 + x^4$$

が変形できた．

4.3 パスカル

4.3.1 第1幕，科学者としてのパスカル

ヨーロッパの数学が停滞した暗黒時代

　狭い意味でのローマ帝国は，5世紀の西ローマ帝国の消滅で終わるが，広い意味でのローマ帝国は，15世紀まで続き，土木や法律などの実用文化が花開いた．
　しかし，ローマ皇帝が支配したヨーロッパは，学問の革新においては暗黒の時代となり，数学は，古代ギリシャ時代から停滞した．

暗黒時代に一灯をともしたフィボナッチ

　その暗黒の時代の数学に，13世紀の数学者，フィボナッチは一灯をともした．フィボナッチの著書『算盤の書』は，インドの数字1, 2, 3, 4, 5, 6, 7, 8, 9と0の紹介から始まった [2]．
　14世紀にオレームは，実用的な数学を神と共にある数学へと昇華させた．

パスカル誕生

　16～18世紀に，フィボナッチやオレーム等の一灯を激しく燃え上がらせた数学者たちが多数輩出した．その一人がパスカルであった．
　ブレーズ・パスカル (Blaise Pascal, 1623 ～1662 年) は，フランスの中央高地に位置する，現在のオーベルニュ地域圏の首府のクレルモン-フェラン (Clermont-Ferrand) で生まれた．姉のジルベルト (Gilberte) と妹のジャクリーヌ (Jacqueline) の3人兄弟であった．
　父のエチエンヌ・パスカル (Étienne Pascal) は，法服貴族 (Nobles of the Robe) であり，科学と数学，そして音楽に大変興味を持っていた．

母のアントワネット・ベゴン (Antoinette Begon) は、クレルモンの有力な商人の子であった．母は、1626年、パスカルが3歳の時に亡くなった．

父の英才教育で育ったパスカル

パスカルは学校には行かず、父親が教育を行うことにした．生まれつき感受性が強いパスカルにはそれが適していた．

また、一定のカリキュラムを与えるのではなく、年齢と成長に応じて、ゆとりを持たせて勉強をさせるというのが父の根本方針であった．

父は公債の利子で趣味の学問を極めようとした

パスカルが8歳の時 (1631年)、パスカルの教育のため、一家はパリに移った [8]．父は、モンフェラン租税院の副院長の職を売却し、住んでいた家を処分し、パリ市の公債を買った．現在のクレルモン-フェラン市は、クレルモンとモンフェランが合併してできた．

父は、パスカルが12歳の時、3角形の内角の和など自ら幾何学の法則を考えているのを見て、数学を学ぶ時期が来たと考えた．そしてユークリッドの『幾何学原論』を与え、幾何学の勉強を許可した．

1634年、パスカル一家は、フォーブル・サンジェルマンに引っ越した

パスカル一家は、リュクサンブール宮殿などがある上流階級が住むパリのセーヌ川左岸、フォーブル・サンジェルマンに引っ越した．そこで、リシュリューの姪のゴンバレ夫人（後のエギュイヨン夫人）らと懇意になった．

1635年、メルセンヌの近くに引っ越した

16世紀のヨーロッパで新しい数学が開花するが、その発展に、キリスト教の聖職者たちが大きな役割を果たした．1634年、僧侶のメルセンヌは、

学問を論じる場として自らの修道院を提供した．微積分学の先駆者の一人であるロベルヴァル，射影幾何学の基礎を築いたデザルグ，そして，デカルトやフェルマーなどが集まった．

元々は応接室のことをサロンというが，社交の場がサロンと呼ばれるようになった．パスカルの父子は，メルセンヌのサロンで著名な学者たちと交流した．父は，ロベルヴァルやフェルマーと親友となった．父は，螺旋に関する問題を出し，フェルマーは，1637年に解答を寄せた．ロベルヴァルとデカルトは，幾何学で意見が合わず，論争となっていた．

パスカルは，サロンで聞いた耳学問による知識で，数学，物理学，科学などの課題と向き合った．

法服貴族の反王政運動に巻き込まれ，パリを離れた

15歳の時（1638年），父は公債利子の削減に反対する運動に加わり，大法官ピエール・セギエ (Pierre Séguier) への抗議に賛同した．それは，セギエの公邸を襲撃するという過激なものであった．

公債利子の削減は，宰相のリシュリュー公爵（枢機卿）(Armand Jean du Plessis, cardinal et duc de Richelieu) の経済政策で，戦争により悪化した財政を立て直すことが目的であった．抗議を主導した者たちは投獄された．パスカルの父は，故郷のオーベルニュに逃れた．

翌年 (1639年)，妹のジャクリーヌが戯曲の主役となった．モランジ夫人やエギュイヨン夫人の計らいで，それを見に来ていたリシュリューにパスカル一家を紹介し，リシュリューとパスカル一家の面会の場が設けられ，父が謝る機会ができた．リシュリューは，ジャクリーヌやパスカルのことを以前から知っていた．

謝罪した父は，リシュリューに気に入られ，投獄の危険がなくなり，パリに戻った．その後，父は，王宮の勅任租税人頭税徴収官としてルーアン (Rouen) に赴任することとなり，生計を立てることができるようになった．

1639年，父は単身，ルーアンに移った．王宮とルーアン市は税を巡って対立し，軍隊が出動する騒乱の最中で，租税徴収官という厳しい仕事に就いたのである．ルーアンは，イギリス海峡に面したフランスの北西部にあり，現在，オート・ノルマンディー地域圏の首府である．ルーアンといえば，司教のオレームが思い出される．

円錐曲線研究の歴史

紀元前3世紀頃，ペルガのアポロニウス (Apollonius of Perge [Pergaeus]) は，円錐を平面で切断した時にできる円錐面の線，円錐曲線 (Conic section) について研究し，『円錐曲線』"Conics" を著した．

円錐曲線の第一人者のジラール・デザルグ (Girard Desargues) は，フランスのリヨン出身で，リヨン市庁舎を設計した建築家である．デザルグの一族は，裁判官や弁護士を輩出し，デザルグの両親は富豪であった．

彼は，1つの空間内にある2つの3角形の相互関係に関する「デザルグの定理」を発見した．それは，射影幾何学 (projective geometry) の最初の定理となった．

デザルグは円錐曲線について研究し，1639年,『円錐曲線予稿』"*Brouillon project d'une atteinte aux evenemens des rencontres du Cone avec un Plan (Rough draft for an essay on the results of taking plane sections of a cone)*" を発行した．

「デザルグの定理」は，1648年，アブラハム・ボッス (Abraham Bosse) が書いた『透視図法』"*perspective theorem*" で，広く紹介された．

父と離れてパリに残ったパスカルは円錐曲線について考えた

パスカルは16才の時 (1639年)，デザルグの円錐曲線や透視図法を学び，円錐曲線 (conic section) に関するエッセイ,『円錐曲線試論』"*Essai pour les coniques (Essay on conics)*" を書いた．

パスカルは1640年に『円錐曲線試論』を公表した．パスカルは，その中で，円錐切断は，円や楕円，双曲線，放物線，角を作る直線があると解説し，3つの定義と3つの補題を示した（円錐曲線は，頂点を通る平面で切ってできる角が作る直線を除外する場合がある）．

デザルグらの円錐理論の紹介に加え，パスカルの独自の発見が述べられた．第3補題，「円錐曲線に内接する任意の6角形の3組の対辺の交点は同一直線上にある」は，パスカル独自の発見であり，後に，パスカルの定理 (Pascal's Theorem) と呼ばれた．それは，デザルグの定理と共に，後の射影幾何学に大きな貢献をした．

当時，若いパスカルがこれほどの優れたエッセイを書いたとは，中々信じてもらえなかった．パスカルは，その末尾に「経験も浅く能力も乏しい私であるから，有能な方々が検討の労をとって下さるまで，これ以上先へ進むことは控えたい．検討の結果，続行の価値ありと認められたならば，神が遂行の力を与えたもうところまで研究を進めてみるつもりである [8]」と決意を記した．その後，神の啓示があり，パスカルの一生は，実際にその通りとなった．

計算機の製作

1640年，ルーアンの治安が良くなったので，パスカル兄弟は父の元へと移った．

パスカルは，父の税務の仕事の手伝いをし，その計算が大変であることを見にしみて感じた．そこで，1642年（19歳の頃），歯車式計算機を考案した．当時，計算は筆算で行われ，かぞえ札などが補助に用いられていた．

パスカルの計算機は，桁の数だけの歯車があって，桁が上がると隣の歯車が動くようになっていた．加算は歯車で行い，減算は補数を加える方法で行った．この補数計算の原理は，現在のコンピュータで用いられている．

乗除算は，ネイピアの骨と組み合わせて行った．この原理による自動計算機は，ドイツの学者ヴィルヘルム・シッカート (Wilhelm Schickard) が，

20年前に世界で最初に考案し，製作していた．

　計算器は，機械的運動で四則演算を行い，今までとは比較にならないくらい早く計算できるはずであったが，実際の操作は面倒で，実用的ではなかった．

　パスカルは21歳(1644年)の時，計算機の試作品をフランス王アンリ4世の叔父のコンデ公に献上した．

3年間を要して，試作品を完成し，大法官セギエに献上した

　1645年，父は，ルーアンの税務監督の仕事を止め，国務顧問となってパリに戻った．

　同年，パスカルが計算機の決定版をピエール・セギエ(Pierre Seguier)に献上した時の手紙『大法官閣下にたてまつる献辞』には，次のように述べられている．

　第1号器，第2号器，第3号器と改良し，「第3号器にもなお改めるべき理由を見いだしました．…あるいは操作上の困難，あるいは運動の硬さ，あるいは時間とともに携帯によってあまり容易に破損するような構造などの欠点をいずれの型にも認めましたので，忍耐に忍耐をかさねてついに50台以上も製作しました．それらはそれぞれ違った型で，あるものは木製，あるものは象牙および黒檀製，またあるものは銅製でありました．かくて，ただいま貴下にお目にかけようとする決定型に達したのでありますが，この最新型は，御覧になればわかるように，きわめて多くの種々異なる部分品からできておりますが，はなはだ堅牢でありまして，すでに述べた試験を経たものでありますから，いかに遠くへ運搬なさっても，それによって加えられるいかなる力もこの機械を破損せしめることもなく，いささかの狂いを生ぜしめることもないであろうことを，私はあえて保証いたします[8]」と述べた．

　パスカルは，理論的な考察力と有用なものを企画し，設計して作り出す工学的な能力をあわせ持っていた．

計算機を製作した苦労で体をこわした

新しい機械の製作は，部品に使用する材料の開発から始めなければならなかった．専門職人の養成が必要で，職人に機械の原理を説明することから始めた．彼らとの対人関係の心労もあった．寒いルーアンでの立ち仕事と計算機の開発の苦労で，体調はいつも悪かった．18歳の時に計算機の開発を始めて以来，苦痛がない日は，一日もなかったという．

サロンで学び育った

パスカルは，サロンで提起された問題を深く考え，実験計画を立て，実験を行い，結果を考察する科学的な手法を身につけた．特に，正しい仮説を立てる能力に秀でていた．当時は未知であった事柄に対してパスカルが考えた科学的な仮説はほとんど外れることがなく，神からの啓示を得ているかのようであった．

パスカルの3角形

20歳の時(1643年)，パスカルの3角形と呼ばれる表を発表した．それは，算術3角形(arithmetical triangle)であった．そして，それは，人工知能の原型となるものであった．この算術3角形の考え方はライプニッツやラプラスに受け継がれた．

1644年，21歳の時，パリに戻ったパスカルは，ゲームの勝負に興味を持ち，数学的に考え始めた．直接，神と出会うまでは，遊びや歓楽を好み，社交的であり，サロンで人気者であった．

この時には，父の友人やサロンのイエズス会のメンバーは，パスカルの能力を認め，好意的であった．

4.3.2　第2幕，旧勢力と対立の時

＜対立の時：イエズス会との宗教対立とパスカルの宗教体験＞

厳格な禁欲主義のジャンセニズム

　ルターやカルヴァンのプロテスタント宗教改革は，キリストの福音書に立ち返ることを唱えたが，ジャンセニウス派は，聖アウグスチヌスに立ち返ることを唱えた．

　アウレリウス・アウグスティヌス (Aurelius Augustinus) は，4世紀のキリスト教の神学者で，ヒッポのアウグスティヌス (Augustine of Hippo) と呼ばれた．

　ヒッポは，現在のアルジェリア (Algeria) のアンナバ (Annaba) の古名ヒッポレギウス (Hippo Regius) のことで，アウグスティヌスは，そこの司教であった．若い時に放蕩な暮らしをしたことを反省し，年老いて悔い改め，信仰に目覚めた聖人である．

アウグスティヌスを受け継いだジャンセニウスの誕生

　コルネリウス・ジャンセニウス（ヤンセン）(Cornelius Jansenius(Jansen)，1585～1638年) は，聖アウグスチヌスの教えを受け継ぎ，発展させた．

　ジャンセニウスは，現在のオランダ東部のヘルダーラント州のアックオイー (Acquoy) で生まれた．両親は敬虔なカトリックであり，ギリシャの古典や聖書原典の研究をし，神や人間の本質を追究した人文主義者であった．ジャンセニウスという名はギリシャ語から来ている．

　両親は教育熱心で，彼に，アックオイーから少し北に行ったユトレヒト (Utrecht) で初期の教育を受けさせた．ユトレヒトは，現在，ユトレヒト州の州都で，オランダ第4の都市である．

ルーヴェン・カトリック大学でイエズス会とアウグスティヌス派が対立

ジャンセニウスは，1602 年，ルーヴェン・カトリック大学に入学し，宗教を学んだ．ルーヴェン (Leuven, 仏 Louvain) は，現在，ベルギーのフラームス・ブラバント州の州都である．

ルーヴェン大学では，イエズス会とミシェル・バイウス (Michael Baius) の支持者が対立していた．バイウスは，聖アウグスチヌスの教えにしたがっていた．ジャンセニウスは，聖アウグスチヌスを支持する方を選んだ．

その後，ジャンセニウスはルーヴェン・カトリック大学の神学教授となり，当時スペイン領（現在：ベルギー）フランドル (Flandre) のイーペル (仏:Ypres, 蘭:Ieper) の司教となった．カルヴァンに近い厳格な信仰を目指し，聖アウグスチヌスの教えを引用し，原始的キリスト教を目指した．体制派のイエズス会と対立し，フランス国教会の設立にも反対した．

ポール・ロワイヤル尼僧院とアルノー家

1204 年に，第 4 回十字軍の成功を祈念して，パリ郊外のポール・ロワイヤルに尼僧院が創られた．

1602 年，パリ高等法院の弁護士アントワーヌ・アルノー (Antoine Arnauld, 1560〜1619 年) は，尼僧院を買い取り，娘のジャクリーン・アルノー (Jacqueline Arnauld, Jacqueline・Marie・Angélique Arnauld) を尼僧院の院長にした．父と同名の子どものアントワーヌ・アルノー (Antoine Arnauld)（大アルノー (le Grand Arnauld, 1612〜1694 年)）は，パリに生まれ，ソルボンヌ大学で神学を学んだ．彼は，ジャンセニウスの同志で，友人でもあったジャン・デュヴェルジェ・ド・オランヌ (Jean du Vergier de Hauranne) の影響を受けた．

サン・シランと呼ばれたオランヌ

オランヌは，土地を買って国王の財政に貢献して貴族となった家に生まれ，ルーヴェン・カトリック大学に入学し，神学を学んだ．彼は，サン・シラン (Saint-Cyran) 修道院の修道院長 (abbe de Saint-Cyran) となった．サン・シラン修道院長から，単に，サン・シランと呼ばれるようになった．

1636年，サン・シランは，ポール・ロワイヤル尼僧院の司祭となった．ポール・ロワイヤル尼僧院を中心として，その周辺に男性の隠遁者や支持者が住んでいた．

国王と貴族の対立

1638年，ジャンセニウスが亡くなり，リシュリューはサン・シランを逮捕した．リシュリューは，政策に反対する買官貴族の官僚を抑え，勅任雇用官僚を採用し，中央集権を目指した．（パスカルの父が，大法官セギエへの抗議に参加した年である）

1640年，サン・シランは，ジャンセニウスの遺稿の『アウグスティヌス：人間の本性の健全さについて』 "*Augustinus Cornelii Jansenii, Episcopi, seu Doctrina Sancti Augustini de Humanae Naturae, Sanitate, Aegritudine, Medicina adversus Pelagianos et Massilienses* (*On the Doctrines of St. Augustine Concerning Human Nature, Health, Grief, and Cure Against the Pelagians and Massilians*)" を出版した．

ポール・ロワイヤル尼僧院に入信

1646年，妹のジャクリーヌは，そのような騒乱の渦中にあるポール・ロワイヤル尼僧院に入る決意をした．父は，反対であった．

同年，パスカルは，真空の実験を始めた．

同年の冬，ルーアンで，父が氷で滑って大腿骨を傷めた．その時の医者，デジャン兄弟が，父の負傷で動揺しているパスカルに，ジャンセニズム

(Jansenisme) を説き，聖書やサン・シランの本を読むことを勧めた．ルーアンの主任司祭，ジャン・ギュベール (Jean Guillebert) がアルノーの友人であり，ルーアンにジャンセニズムが広まった．

宗教体験から，信仰に目覚める

1646年，24歳の時，パスカルは，宗教的な体験をし，そのとき初めて神と出会った．その体験によって，神学や哲学に興味を持つようになった．その後，父と2人の姉妹といっしょに，カトリックから「ポール・ロワイヤル」に回心した．

パスカルは神と出会ったことによって，神学と科学の違いについて考え始めた．その後，イエズス会との確執が始まった．

仮説と実験による科学と宗教体験による神学

幾何学，算術，音楽，自然学，医学，建築学等は，仮説と実験で作り上げられる実証の学問である．そのような学問は，実証による新発見と進歩，改革が必要である．それに対して，神学は絶対的な真理を扱うものであり，体験が重要である．パスカルは，神学を頭の中だけで考え，推理で語ってはならないと思った．

パスカルの神に対する考えは，宗教体験と共に，パスカルの父が「信仰の対象は，理性の対象になりえない」と考え，常々，パスカルに教えていたことの影響が大きい．

1647年は，パスカルにとって，大変な年となった．18歳の時から，健康に優れない日々を送ってきたが，真空の実験に没頭したこの年，特にひどくなり，いろいろな病気にかかり，神経症になった．悪いことが重なり，中風の発作がおき，松葉杖を使って歩くようになった．しかし，神への思いは変わらなかった．

＜対立の時：真空の見解でイエズス会と対立＞
宇宙や物質が分かってくると真空にも興味が向けられた

　アリストテレスは，ギリシャの偉大な哲学者であった．その歴史的価値は，時とともに輝きを増したが，書き残したものは，ソクラテスが危惧したように，時代とともに風化した．

　中世のアリストテレス学派は，アリストテレスが残した文面（テキスト）をそのまま信奉した．暗黒（権威主義）の時代を象徴する事柄の一つであった．

　アリストテレスは，真空は不可能だという説を文字にした．真空ができたら，すぐに変わりの物質が，そこに入り込む．そして，「神は，物質を作ったが，何もないものは作らなかった．」と記した．

　中世になると，空所（真空）が作り出され，真空の議論が沸騰した．アリストテレスの時代にいう「真空」と中世に実験で作り出された「真空」が厳密に同じものをいっているのか，注意する必要がある．

ガリレオ一門が真空を作り出した

　ガリレオは，真空があると思った．そして，真空中での運動について考えた．それは，かって，ビュリダンがいった思考実験であった．

　1643年，ガリレオの弟子，トリチェリの指示で，ガリレオ門下のヴィヴィアーニは，真空の実験を行った．長さが1ｍあまりのガラス管に水銀を満たした．それを，水銀が入った容器に逆さにして立て，上部に真空を作り出した．トリチェリは，空気に重さがあり，水銀とつり合っているという結論に達した．

真空の実験に成功したことが，パスカルに伝えられた

1644年，ガリレオ門下のミケランジェロ・リッチは，トリチェリの真空実験をフランスのメルセンヌに報告した．メルセンヌは，フランスの学者に伝えた．

1646年，メルセンヌの仲間のピエール・プチは，パスカルに真空のことを伝えた．ピエール・プチは，父の友人で築城官であった．パスカルはトリチェリが真空を発見したとの報に興味を持った．彼は，真空が在るか無いかという定性的なことから一歩進め，空所を作った後の水銀柱の高さに注目し，定量的な理論について考察を行った．

宗教体験後のパスカルによる真空の追試

ガリレオ以来，物質と空間について，新科学派とアリストテレス学派で，激しい議論が行われてきた．1646年，パスカルは，父と父の友人のピエール・プチと3人で，ガラス管と水銀を用意し，トリチェリの真空実験を追試し，その実験結果を確認した．当時，1m以上の長さのガラス管を入手するのは大変であった．

1647年初頭，パスカルは，追試実験を公開で行った．1647年5月，実験に凝りすぎて病気を悪化させ，その治療のため，父がいるルーアンから，妹がいるパリに移った．

デカルトとの出会い

妹のジャクリーヌ・パスカルから姉，ペリエ夫人にあてた書簡に，パスカルとデカルトの面会の様子が詳しく書かれている．

1647年9月，デカルトがパスカルを訪ねてきたので，パスカルは，ロベスヴァールの立会いの下，デカルトと面会した．デカルトは，パスカルの円錐曲線に関する論文や真空の公開実験に興味を持って訪れた．

パスカルは,「あらゆる物質は, 互いに分離してその中間に真空のはいりこむことを, 嫌悪する傾向を持っている」, しかし,「自然は真空に対して, 何らの嫌悪も持っていないし, 真空を避けるような何らの努力も示していない」と, 水銀でできた空所が真空であることを確信を持って語った.

パスカルは真空の実験をデカルトに説明し, それについてデカルトの意見を求めた. デカルトは, 水銀が下がってできた空所を微細な物質が占めているという自説を述べた. パスカルの代わりに反論するロベスヴァールとデカルトの間に険悪な空気がみなぎった.

デカルトとの会見後, 真空実験について発表した

パスカルは長さや形がいろいろ異なるガラス管を用い, 水銀や水, 葡萄酒などで, 真空実験を行い, 遂に 13m のガラス管を作り, 水での実験も行った. その結果, 真空は空気の重さ, つまり, 圧力が生じさせるものであるとの確信を深めた.

1647 年 10 月,『真空に関する新実験』 "Expériences nouvelles touchant le vide, New experiments with the vacuum" を出版し, 実験と考察の概要を発表した.

『真空に関する新実験』に対するノエル神父の反論

1647 年 10 月, イエズス会士でパリのクレルモン学院の学院長のノエル (Pére Noel) 神父は, パスカルに反論の手紙を書いた. ノエル神父は, まず実験を儀礼的に称賛した上で, ガラスの管と水銀で作られた空所は真空ではなく, 純化した空気で満たされていると主張した.

『ノエル神父からパスカルへあてた書簡』から引用すると,「この純化した空気は, 水銀の下降する際, その重みによって粗大なる空気と分離させられ, ガラスの細孔から中に入ったのであります [8]」という調子であった.

ノエル神父は，デカルトがラ・フレーシュで学んでいた時の教師であり，その後もデカルトと親交があり，デカルトと同じ見解であった．

ノエル神父の反論に対する反論

1647年10月，パスカルは，『ノエル神父からパスカルへあてた書簡』に対して，空所で光が屈折しないなどの実験結果を挙げて真空であるという理論は間違っていないと反論を書いた．その後も，手紙のやり取りが行われるが，パスカルが手紙を公開したことに対する非難や第3者からの個人的中傷があり，社交界を巻き込み，2人の関係はこじれていった．

その裏には，国王と教会による体制維持派と貴族の地位と待遇改革派の政治的・経済的抗争があった．デカルトは，パリの社交界のそのような辛さを一番良く知っていた．しかし，この論争で，パスカルのデカルトに対する反感が募った．

パスカルは宗教体験後，宗教的に過激なり，改革派のポール・ロワイヤルに接近した．癒しを与えてくれる故郷と父のもとを離れ，厳しい環境のパリに移った．若くして実験に成功した羨望もあり，パスカルへの学者の風当たりはますます強くなっていった．それらが重なり，パスカルの病は悪化した．

宗教体験後のパスカルによる真空の実証実験

パスカルは，真空の存在を否定する説に対して，真空の存在を定量的に証明する実験方法を考えた．

パスカルの姉の主人，つまり，義兄のフロラン・ペリエ (Florin Perier) は，オーヴェルニュ州で税務高等法院の参事官をしていた．そこで，実験をオーヴェルニュ州のクレルモンで行うことにし，準備をした．

1648年9月，神父や法官仲間など知人をたくさん招待して，大気圧の実験を公開で行った．ピュイ・ド・ドーム (Puy-de-Dôme) 山の山頂と麓で

水銀柱の高さを測定した．水銀柱の高さに明らかな差があった．

あくる日，オラトリオ会のド・ラ・マール神父の発案で，クレルモンのノートルダム寺院の塔の上と下で同様の実験を行い，測定する場所の高さにより，水銀柱の高さに差が出ることを確認した．

これらの実験で，水銀柱の高さの差は，測定する場所の高さの差，すなわち，気圧の差によるものであり，水銀柱の高さが大気圧によるものであることを証明した．

1648年，25歳の時，『流体の平衡に関する大実験談』を出版し，真空の実証実験結果を発表した．

デカルトの不満

デカルトは，カルカヴィへあてた書簡で，「実験を試みるようにすすめたのは私である」とピュイ・ド・ドームの実験は，デカルトの発案である旨を訴えた．

君の説が正しければ，「山の上など高いところと，低いところで水銀の高さに差が出るだろう」などとデカルトが挑戦的に言ったのかもしれない．そして，「本来は，パスカル君から知らせてくれるべきであるが」カルカヴィに，その結果を知らせてくれるように依頼した．

宗教体験の後に『真空論序論』を書いたことに注目

『真空論序論』"Préface pour le traité du vide" が，1647年から1651年の間に書かれた．

その中で，「自然学的問題における論拠として，推理や実験のかわりに権威のみを持ち出す人々の盲目をあわれまざるをえなくなり，また神学において，聖書と教父たちの権威のかわりに，推理のみを用いる他の人びとの悪意をおそれざるをえなくなる」と痛烈な批判と真情を吐露した．

重ねて,「自然学において何事も発明しようとしない臆病な人びとの勇気を鼓舞し,神学において新説を生みだそうとする無謀な人びとの高慢を困惑させなければならない [8]」と,挑戦的な強い決意を述べた.

アリストテレスを字義通り信奉する学派には,望遠鏡は悪魔の道具と写っていた.それに対して,パスカルは,「今や望遠鏡の与える利益によって,われわれはそこに小さい星を発見し,… 同じ観念にとどまることは容赦されないであろう」と望遠鏡の効能を上げて反論し,「自然は真空を嫌悪する」という当時の常套句に確信をもって反論した.

円錐曲線についての考察が完成

1648年,『円錐曲線の生成』を書いた.パスカルは,円錐曲線についての考察を生涯続け,複数の論文を書いた.後に,ライプニッツは,パスカルの円錐曲線の論文を研究し,パスカルの論文が円錐曲線論の基礎となると語った.

＜対立の時：古くからの貴族と新興貴族の争い＞

中世フランスの社会情勢

12～13世紀,領主が各地を支配する体制で,農民が穀物を売ってお金を得ることができるようになった.また,ブルジョワ（町の人）(Bourgeois)という新しいタイプの社会層が生まれた [15].そのような社会情勢の下で,王権の拡大と王政機構の整備が行われた.

12世紀に,中央の最高決定機関「国王顧問会議」が整備され,13世紀に,司法の高等法院と財政の会計検査院が独立機関となった.

15～16世紀,王室が地方の大貴族に対抗するために,高等法院を強化した.1604年のポーレット法により,売官制と官職世襲制売官制度が官制化し,富裕層が国王に金銭的な貢献をして貴族となる法服貴族が増加した.

カトリック教会

　カトリック教会 (Ecclesia Catholica) は，ペトロの後継者や使徒の後継者の働きによる使徒的な教会である．ローマ教皇 (Papa) は，ペトロの後継者で，精神的指導者である．イエス・キリストは，弟子の中から 12 人を選び「使徒」とした．シモン・ペトロは，イエス・キリストの最初の弟子で，本名はシモン，あだ名はケファ（岩）である．12 人の使徒の頭であった．イエス・キリストは「私はこの岩の上に私の教会を建てる」と言ったと伝えられている．

　日本カトリック教会は，その長をローマ教皇と呼び，日本の外務省は，ローマ法王と呼んでいる．日本の外務省は，国名として，ローマ教皇庁ではなく，ローマ法王庁と呼んでいる．日本語訳は場合に応じて，ローマ教皇とローマ法王の適切な方が使われる．

30 年戦争による財政悪化で税が重くなった

　パスカルが育った時期には，1618 年から 1648 年まで，プロテスタントとカトリックを巻き込んだ国際紛争の 30 年戦争が起きていた．戦争の為め財政が悪化し，ルイ 13 世の宰相リシュリューは重税政策をとり，貴族にも課税しようとしたため，王室政府は貴族層と衝突した．1642 年，宰相のリシュリューが亡くなった．

　1643 年，4 歳のルイ 14 世が即位した．ルイ 14 世の母のアンヌ・ドートリッシュが摂政となり，ジュール・マザラン (Jules Mazarin) が宰相となった．マザランも重税政策をとり貴族層と衝突した．

新興貴族が多いパリ高等法院のフロンドの乱

　30 年戦争が終結した 1648 年，宰相のマザランは，王室が勅任した地方派遣代理官のいくつかを廃止し，中央集権を目指した．パスカルの父や義兄がルーアンの職を失ったのはこの時である．

マザランが行った重税政策に対して，古くからの帯剣貴族と法院の官職を国王から購入した法服貴族と民衆が呼応して反乱を起こした．フロンドの乱と呼ばれた．イギリスのピューリタン革命の影響を受けた宗教団体のポール・ロワイヤル派は，法服貴族が多くいたため，政治的な反乱派とみなされた．

マザランが，パリ高等法院の評定官ブルーセルを逮捕したことがきっかけであった．反乱軍の司令官は，アルマン・ド・ブルボン・コンティ(Armand de Bourbon-Conti)，コンティ公(prince de Conti)であった．反乱軍はパリを包囲した．

1649年1月，ルイ14世と母がパリを脱出し，サン・ジェルマンの離宮に避難した．コンティ公の兄のコンデ公ルイ2世が30年戦争の戦地から戻り，逃避行の護衛をした．コンデ公は，王の軍勢を率いて，パリを包囲した．

1649年3月，パリ高等法院は，王室政府と和議を結んだ．ここまでが，「高等法院のフロンドの乱」とか「第一次フロンドの乱」と呼ばれた．

帯剣貴族のフロンドの乱

1650年1月，マザランは権力を増してきたコンデ公を逮捕した．それをきっかけに，各地の帯剣貴族が王室に対して反乱を起こした．1650年7月，コンデ公の軍は，スペイン軍の協力を得てパリに入った．

マザランはドイツに亡命した．共通の敵がいなくなって，革命派の足並みが乱れた．パリ市民は，マザランがスペイン軍と結び付いたことが不満であり，彼らはコンデ公をパリから追い出した．

1653年7月，最後まで抵抗したボルドーの帯剣貴族の反乱軍が王室の軍に降伏し，フロンドの乱は終結した．

＜対立の時：2人の保護者が亡くなる激変＞

メルセンヌと父が相次いで亡くなった

1648年，新しい天文学や，数学，科学に理解があったメルセンヌが亡くなった．パスカルは，パリ社交界で彼とイエズス会士を取り持つ後ろ盾をなくした．

1649年，大法官セギェからパスカルの計算機に国王の特許が与えられた．

1650年，真空論争に疲れ，クレルモンで静養していたパスカルは健康を回復し，パスカル一家は，パリに戻った．

1651年，父，エチエンヌが亡くなった．父がいなくなって精神的にも，金銭的にも，今まで通りの社交活動を続けるのは困難となった．

遺産争い

ブレーズの妹のジャクリーヌ・パスカルは，修道女になるのを兄が反対したため，兄に隠れて，ポール・ロワイヤルに入った．1652年，パスカルは，姉夫婦や妹と父の遺産分けの相談をした．

パスカルは，クレルモンに戻り，父が残した債権の取立てを行った．計算機の製造販売や科学者としての自立など，自ら収入を得る道を考えたが，すぐにはうまく行かなかった．

1653年，妹のジャクリーヌは，自分の財産を持参金とし，ポール・ロワイヤルの修道女になりたいと兄に告げた．兄は，修道女になることにも持参金を差し出すことにも反対した．ジャクリーヌを引き受けるアニュス尼らは，持参金がなくてもよいから妹が修道女になるのを認めて欲しいとパスカルを説得した．パスカルは納得し，妹が修道女になることを認め，妹が申し出た以上の遺産を持参金として分与した．

信頼できる人，監督する人がいなくなり遊んだ

　父と妹が去った後，空虚の中で，パスカルは，社交界に埋没し，泥沼のような放蕩な生活を送った．空虚の解消を数学に求めず，若い遊び仲間に求めたのは，「パスカルがこの頃まで親しくしていたのは，父親の友人でもあった年配の科学者仲間が多かった．しかし，アベール (1651)，ダリブレイ (1652)，ル・パイユール (1654) とあいついで死に，宗教上の意見の違いからロベルヴァルと仲たがいし，デザルグがリヨンに去ってから，パスカルの身辺から腹をうちわって話し合える友人はほとんど消えてしまった．カルカヴィはまだ若く，フェルマやドマは地方住まいだった[18]」という事情もあった．

　1653年7月，フロンドの乱が鎮圧され，パリ大学教授会はジャンセニストを異端と認定した．1653年，ローマ教皇イノセントゥスは『アウグウティヌス』に書かれた説を異端とした．

パリ大学の経緯

　現在のパリ大学 (Universite de Paris) は，1968年に改編され，現在では，13の独立した大学からなっている．

　パリ大学は，12世紀頃の設立で，神学を主な学科として，パリ司教の管轄下で発展した．13世紀の初め，ローマ教皇は，大学にある程度の自治権を認め，神学・法学・医学などの学部が形成された．

　神学者ロベール・ド・ソルボン (Robert de Sorbon) がソルボンヌ学寮 (Maison de Sorbonne) を創設し，1259年，神学部ができた．神学部であるソルボンヌ大学 (College de Sorbonne) は，パリ大学の中核であった．そこで，パリ大学がソルボンヌと呼ばれるようになった．

4.3.3 第3幕，父との思い出の総決算：真理

＜過去の総決算：真理＞

放蕩から隠遁生活へと揺れ動いた

　1653年秋，パスカルは若い仲間と遊びに没頭した社交界がつまらないと感じた．充実したものを求めて，ポール・ロワイヤルのアントワーヌ・サングラン (Antoine Singlin) に精神的な指導を願い出たが，なかなか受け入れられなかった．

　1653年暮れから1658年，30歳から35歳までの5年間，亡き父と向き合い，あらゆる快楽を遠ざけた生活を送った．1653年から1654年，絶望から蘇ったパスカルは，父とサロンで行ってきた数学や科学の総決算を行った．

　1653年頃，『流体の平衡についてと大気の塊の重さについての論考』"Traite de l'equilibre des liqueurs et de la pesanteur de la masse de l'air (Treatise on the equilibrium of liquids)" という2つの主題について述べた論文を仕上げた．

　大気の圧力が，水銀という液体を押し上げる現象を深く考え，一般化した結果，流体の圧力に関するパスカルの原理 (Pascal's law or Pascal's principle) を発見した．しかし，死後，1663年まで出版されなかった．

＜総決算：1654年は，神が遂行の力を与えたパスカルの数学の年＞

算術3角形論を発表した

　1654年頃，『算術3角形論』"Traite du triangle arithmétique (Treatise on the arithmetical triangle)" をまとめ上げた．1665年パリで出版した．

　『単位数を母数とする算術3角形の様々な応用』"Divers usages du triangle arithmétique" で，算術3角形の応用について詳しく述べた．

　正方形のますの一つひとつを細胞（セル）と呼んだ．第1細胞の中に入る数は，任意であり，母数 (generateur) といわれる．

算術3角形の応用

(1) 数序列に対する算術3角形の応用 (*Usage du triangle arithmétique*)
横の行は，水平行の細胞 (cellules d'un mesmerang parallele)，縦の列は，垂直行の細胞 (cellules d'un mesmerang pendiculaire) と呼んだ．

1	1	1	1	1	1	1→1	単位数
1	2	3	4	5	6→7		自然数
1	3	6	10	15→21			3角数
1	4	10	20→35				ピラミッド数
1	5	15→35					3角-3角数
1	6→21						
1→7							
1							

(2項定数 ↗)

水平行の細胞の1番上から第1序列の数を単位数，第2序列の数を自然数，第3序列の数を3角数，第4序列の数をピラミッド数，第5序列の数を3角-3角数 (triangulo-triangulaires) という．

(2) 組み合わせ (combiniason) に対する算術3角形の応用 (*Usage du triangle arithmétique, pour les combinations*)
例えば「ABCDの4個から1つ取り出す組み合わせの数は4である．4個から2つ取り出す組み合わせの数は6である．4個から3つ取り出す組み合わせの数は4である．4個から4つ取り出す組み合わせの数は1である」と，組み合わせの数と算術三角形の関係を説明した．

(3) 数回勝負する2人の賭博者の間でなされるべき賭の分け前を定めるための算術3角形の用法 (*Usage du triangle arithmétique, pour déterminer les partis qu'on doit faire entre deux joueurs qui jouent en plusieurs parties*)

(4) 2項式のべき数を定めるための数三角形の応用 (*Usage du triangle arithmétique, pour trouver les puissances des binomers et apotomes*)

2つの項があり，それが足し算の形になっているのが，2項式である．ここで述べられた2項定理では変数が2つの2項式(例えば$x+y$)のべき乗の係数である．2項定理は2項式の階乗を展開し，多項式にする公式である．

算術3角形論を詳細に説明した

1654年頃，算術3角形は整数論に発展した．

パスカルは『数序列論』"(仏) Traité des ordres numériques, (羅) De numericis ordinibus tractas" をフランス語とラテン語で書いた．算術3角形は，2つの数の足し算によって，セルが自動生成されたが，所定のセルの掛け算と割り算から生成する一般的解法を示し，算術3角形を拡張した．

『組み合わせ論』"Combinationes" で，算術3角形の組み合わせ理論をさらに詳細に語り，命題を示した．

『連続数の積について』"De numerorum continuorum productis" において，「4×5」のような連続する2数の掛け算を第2種の積，「$4\times5\times6$」のような連続する3数の掛け算を第3種の積と呼んだ．それは，第4種の積 $\cdots$ 第n種の積まであり，それらの積の性質を命題として示した．

『べき数の一般解法』"Numericarum potestatum generalis resolutio" で，自然数の2乗，3乗 $\cdots$ n乗の数列，べき数と階乗の関係を明らかにした．それらの，べき根に最も近い，べき根以下の整数を求める一般的解法を導いた．

『数のべき乗の和』"Potestatum numericarum summa" で，単位数から始まる自然数列に関連する規則について述べた．線和と最大項の平方との比は1対2，平方和と最大項の立方との比は1対3，立方和と最大項の第4次との比は1対4であるという規則を見いだした．

線和(summa linearum)とは，1から任意の数までの総和，平方和(summa quadratorum)とは，1^2から，任意の自然数の平方までの総和，立法和とは，1^3から，任意の自然数の立法までの総和をいう．

パスカルからフェルマーへの手紙

　1654年7月，パスカルからピエール・ド・フェルマーへ『第一の手紙』が書かれた．フェルマーは，トゥールーズの高等法院で国務評定官をしていた．メルセンヌのサロン仲間で，趣味で数学を研究した．

　フェルマーへの手紙には，「例えば，二人の賭博者が三回上がりの勝負をし，各々がそれぞれ三二ピストルずつ賭けたとして，その一つ1つの勝負の値を知るために私はどうしたかと申しますと，大体次のとおりです．

　第一の者がすでに二回勝ち，もう一方が一回勝っているとしましょう．そうして二人はいま次の勝負をやろうとしています．その勝負の結果は如何というと，もし第一の者が勝てば，賭金の全部すなわち六十四ピストルを得ます．もしもう一方が勝てば双方共に二回ずつ勝ったことになります．従って賭けをやめようと思うならば，各々自分の出した賭金すなわち三十二ピストルずつを引揚げなければなりません．

　そうなんです．第一の者は，勝てば六十四ピストル，負ければ三十二ピストルを得るのです．だから彼らがこの勝負をやってみないで賭をやめようと思うならば，第一の者はこう言わなければなりません．『三十二ピストルは確実に僕のものになるんだ．この勝負に負けても貰えるんだからね．残りの三十二ピストルは，僕のものになるかもしれないし，君のものになるかも知れない．同じだけの運があるんだ．だからこの三十二ピストルは半分ずつ分けよう．そうしてその上に，確実に僕のものになる例の三十二ピストルをもらおう．』だから彼は四十八ピストル，もう一方は，十六ピストルを得ることになります」と書かれた．

　賭金の64ピストルを分けるのに，2勝1敗だから，2/3と1/3に分けるのでなく，3/4と1/4に分けるのが，確率を考慮した場合，正しいというのである．

　同様に，第1の者が2回勝っており，第2の者が1回も勝っていないで，勝負をやめる場合は，第1のものが56ピストル，第2の者が8ピストルとなる．

パスカルは，フェルマーと共に確率論の創始者といわれた．その後，パスカルが神に目覚め，その信条の違いから，しばらく両者の音信が不通となった．

パリアカデミーに数学の論文を提出した

パスカルは円錐曲線について深い興味を持ち，一生考え続けた．1639年の『円錐曲線試論』に始まり，1648年の『円錐曲線の生成』，そして，1654年の論文群に続いた．

1654年，円錐曲線や幾何学について広範囲に研究したことが，パリアカデミーに提出した多数の論文 [8]『ベキ数について』"De numericarum potestum ambitibus",『可約性について』"De numeris multiplicibus",『超魔方陣について』"De numeris magico magics",『フランスのアポロニウス問題の拡張』"Promotus Apollonius Gallus",『球の接触論』"Tactiones sphericae",『円錐曲線の接触論』"Tactiones conicae",『立体軌跡論』"Loci solidi",『平面軌跡論』"Loci plani",『完全な円錐曲線論』"Conicorum opus completum",『配景の方法』"Perspectivae methodus",『賭けの数学』"Aleae geometrica" から窺える．

学者の望みが絶たれた

パスカルは，科学者や数学者としての実力に自信があった．実際，大学教授以上の実力の持ち主であった．だが，大学という組織に入るのと実力は別問題であった．

多くの論文を投稿しても社会的に認められない絶望が，パスカルを逃避と闘争の道へと駆り立てた．

＜過去の総決算：父を思わす弁護活動＞
神秘体験後の隠遁生活

31 歳の時 (1654 年 11 月 23 日)，神秘体験をし，数学の研究をやめ，信仰に身を捧げる決意をした．その時のことは，覚書に記された．「彼は福音に示されたる道によりてのみ保持される」と記し，「アブラハムの神，イサクの神，ヤコブの神，イエス・キリストの神と出会った」と記した．「哲学者および識者の神にあらず」とし，頭で考え出した神ではないことを強調した．そして，神以外のこの世の一切のものを忘却し，神一筋で生きようと決意した．

動き続ける機械

1655 年，回り続ける回転盤について考えた．バースカラ II が 1150 年に発表した永遠に動き続ける永久機関を思い起こさせる．パスカルが，バースカラ II の本を読んだかどうかは確かではないが，数学や工学者としての学問の系統は近いものがある．

宗教論争の真相を田舎の友への手紙（プロヴァンシアル）で公表した

パスカルは，ポール・ロワイヤルにさらに接近し，求道生活を送った．ソルボンヌ（パリ大学）で，ポール・ロワイヤルのアルノーが異端であるか審判する議論が行われた．1656 年 1 月，『第 1 の手紙』で，議論における神父の本心をパスカルが聞き出し，手紙の形式で書いた．手紙の差出人名には，ルイ・ド・モンタルト (Louis de Montalte) という偽名を使った．

ソルボンヌでは，「すべての義人は直接能力をもっている」という文言の解釈について議論されていた．パスカルは，その言葉の意味を複数の神父に質問した．そして，それはアルノーを問い詰めるのが目的で持ち出された言葉だということを聞き出し，それを匿名の手紙という形で，公表した．

神についての言葉の論争は，政治闘争でもあった

『第2の手紙』で,「十分なる恩寵」についての議論が解説された.「十分なる恩寵」という言葉には，2つの意味があって,「1つは声帯の振動であって，もう1つは言葉の意味する現実的で実質的な内容だ」という神父から聞いた話を暴露した.

言葉の意味を反対にとることができるというテクニックを利用した政治的な議論であることを書いた.

ソルボンヌの論争は，階級闘争でもあった

ポール・ロワイヤルを非難するイエズス会の神父に匿名の手紙で反論した．そこには，父の遺志を継いだ法官（弁護士）のようなパスカルがいた．1656年,『プロヴァンシアル』"Lettres provincials (Provincial letters)"を公表した．

1656年6月, 教皇アレキサンドル7世は，ジャンセニウスの5命題が間違っており，異端であるとの宣言を行った.

1657年の春までに，議論の裏にある本心を暴露する記事が，手紙の形で17通書かれ，これらが1つにまとめられた．1657年3月『第18の手紙』が書かれ,『第19の手紙』は途中で終わった.

プロヴァンシアル関連の文章

ジャンセニストに対する誹謗の書物，これを書き，印刷し，売った人びとの誤りを指摘した『パリの司祭たちの名においての弁駁書』が書かれた．『パリの司祭達の第2文章』等に論争は発展した．

それらを統括するように『恩寵文書』が出版され，神学論争に対するパスカルの見解がまとめられた.

＜過去の総決算：一切の否定＞
数学や科学と決別したパンセの時代

　パスカルは，数学や科学を捨て，自分と神を知るための道を選んだ．彼の死後，パスカルが書き綴っていた文章をまとめ，「人間は考える葦である」で有名な思想書『パンセ』が出版された [8][9][20]．

　「長い間，幾何学という抽象的な学問を研究してきたが，理解してくれるのは僅かの人だけなので嫌気がさした」と，パスカルが数学を捨てた理由をパンセに記した [8]．抽象的な学問を研究している自分という者を知らないで，自分は迷っていることを告白し，「多くの友達を作るために人間を研究することにした」と数学の研究から人間の研究に転向した動機を記した．

幾何学との決別と神学の難しさ

　当時，幾何学は飛躍的に進歩した科学や数学，ひいては合理主義の代表であった．科学と宗教を比べて次のように書き記している．

　「幾何学の精神と繊細の精神の違い．前者においては，原理は手でさわれるように明らかであるが，しかし，通常の使用から離れている．したがって，そのほうへはあたまを向けにくい．しかし少しでもそのほうへあたまを向ければ，原理はくまなく見える．… ところが繊細の精神においては，原理は通常使用されており，皆の目の前にある．… ただ問題はよい目を持つことであり，そのかわり，これこそはよくなければならない」．

　そして「繊細の精神は，神を体験することを可能にする」と幾何学と神学の違いを述べ，本当の神学を正しく理解することの困難さを述べた．

哲学者を否定し，切り捨てた

　パスカルは，デカルトの理論は無益であり，不確実であると批判的であった．デカルトは，大づかみに「これは形状と運動から成り立っている」と

いうべきであり，それは真実である．しかし，「それがどういう形や運動であるかを言い，機械を構成してみせるのは，滑稽である」と，メモに書き，その後，メモを消した．

パスカルは，無信心な人を批判し，さらに国王までも批判した．そして，矛先を哲学者に向け，「プラトンやアリストテレスと言えば，長い学者服を着た人としか想像しない．…そして彼らが『法律』や『政治学』の著作に興じたときには，遊び半分にやったのだ」と心情を吐露した．

演劇などの娯楽（気晴らし）を否定した

王や貴族やいろいろな人の気晴らしについて述べ，「あらゆる大がかりな気ばらしは，キリスト者の生活にとっては危険である．しかし，この世が発明したすべての気ばらしのなかでも，演劇ほど恐るべきものはない」と娯楽を糾弾した．

肉体的な快楽を否定した

望むべき快楽について考え，「われわれのうちで快楽を感じるものは何だろう．それは手だろうか．腕だろうか．肉だろうか．血だろうか．それは何か非物質的なものでなければならない」と自分の進むべき真の悦びの道を模索した．

パスカルのような人はいなくなった

後のフランス革命では，多くの人びとが情念を説くディドロやルソーに従い，大衆文化が花開いた．

無神論や理神論を否定した

アウグスティヌス書簡に,「神を感じるのは,心情であって,理性ではない」とある.その考えを発展させ,

「キリスト者の神は,たんに幾何学的真理や諸元素の秩序の創造者にすぎないというような神ではない.… すべてイエス・キリスト以外のものに神を求め,自然のうちにとどまる人びとは,満足しうる何らの光も見出さない … そこから無神論か理神論におちいる」と神が法則の創造者であるとする学者は理神論に陥り,さらに,神は存在しないとする無神論に陥ると,理神論者と無神論者を否定した.

百数十年後のフランス革命では,パスカルがいった通りになった.ディドロやルソーは,求道のパスカルとは真逆の情念の開放の道を説いた.

＜過去の総決算：父との別れと悟り＞

計算機と動物と人について

パスカルは,信仰,自愛,習慣,感情,強情,精神,意思,傲慢,本能と理性など,人の本性について研究した.人間の特性を研究する哲学的研究であった.

過去に研究した計算機,永久機関,人工知能(オートマトン)と哲学的研究を合一させ,論理的で科学的な哲学を構築した.「計算機は,動物の行うどんなことよりも,いっそう思考に近い結果を出す」と,人間,動物,機械を比較検討した結果を示した.

神を幾何学的で表現した

神は無限であってしかも部分を持たないということが可能であることを証明できるだろうか.パスカルは,「無限の速さでいたるところを運動するひとつの点」でそれを説明した [9].

また，不死なる霊魂が，不可解ではあるが存在すると考えた．無限の数や有限に等しい無限の空間が再生する霊魂を暗示すると数学的，物理学的な類推（アナロジー）で説明した．それは，ピタゴラスの体験的な再生論に通じるものがあった．

神の研究と人の研究を合わせ，人は考える葦であるという結論を得た

　神と人の関係については，「神なき人間は惨めで，神とともにある人間は至福である」と述べた．
　そして，本能と理性について考え，考えが人間の偉大さをつくるとし，パンセに，「人間はひとくきの葦にすぎない．自然の中で最も弱いものである．だが，それは考える葦である」という有名な言葉を記した．さらに，パンセで，「空間によっては，宇宙は私をつつみ，1つの点のようにのみこむ．考えることによって，私が宇宙をつつむ」と述べた．

パスカルは真のオネットムであろうとした

　パンセに，「人から『彼は数学者である』とか『説教者である』とか『雄弁家である』と言われるのでなく．『彼はオネットムである』と言われるようでなければならない．この普遍的性質だけが私の気に入る」と記した．

孤高を極めた結果，一層孤独になった

　パンセに，「多くの友達を作るために人間を研究したが，人間を研究する人は，幾何学を研究する人よりも少ない」と記した．幾何学を研究する友達が少しはいたが，人間を研究する本当の同志は一人もいなかった．

4.3.4　第4幕，父の呪縛から解放され自分を取り戻した

学校の教科書の執筆が抑えていた数学の情熱に火をつけた

　パスカルの残りの4年間は，禁欲生活を送り，病気に耐えた時期であった．その時の心情は，『病の善用を神に求める祈り』"Priére pour demander á Dieu le bon usage des maladies" に詳しく書かれた [8]．

　1657年，アルノーがポール・ロワイヤルの学校の教科書『幾何学の原理』"Élements de Géométrie" の製作を企画し，その序文をパスカルに依頼した．パスカルは，『幾何学の精神について』"De l'esprit géométique" を書いたが，難解すぎて序文には採用されなかった．正式名は，『幾何学一般についての諸考察，幾何学の精神についてと説得術について』"Réflexious sur la géométrie en général - De l'esprit géométrique et de l'art de persuader" であった [10]．この教科書の執筆が，数学を広めたいというパスカルの気持ちに火をつけた．

1658年，パスカルに神が遂行の力を与えた3度目の数学の開花があった

　歯痛に悩まされたとき，数学の事を考えると，痛みがなくなった．このような体験は，以前からよくあった．その時に，得た知見を知人に話したところ，そのような不思議な出来事を知らしめるためにも，懸賞問題を出そうということになった．

　1658年，35歳の時，『サイクロイドの問題』"Problemata de cycloide propofita menfe junii" を作成した．円が回転する時の円上の点の軌跡がサイクロイドで，当時広く研究されていた．

　6月，アモス・デットンヴィル (Amos Dettonville) という匿名で，各地の数学者に，サイクロイド（当時はルーレットと呼ばれていた）に関する数学コンクールの問題を回覧した．カルカヴィが審査委員長を務めた．

　① ルーレットと，その軸と，その底に平行な弦とに囲まれた部分の面積．
　② 同じ部分の重心．

③ 同じ部分が弦の周囲を回転して生じる立体の体積.
④ 同じ部分が軸の周囲を回転して生じる立体の体積.
⑤ これらの2つの立体の重心.
⑥ これらの立体が回転軸を含む平面によって切られた時の,半立体の重心. という問題で,懸賞の期限は,10月1日であった.

しかし,(① から④ に関して,ロベルヴァルが既に解いていた(1634年)ことが分かった.そこで,10月10日,『ルーレットの歴史』"Histoire de la roulette" を発行し,問題を訂正した.

手紙で正解を発表した

1658年12月,『アモス・デットンヴィルから A.D.D.S の手紙』"Egalite des lignes spirale et parabolique, Lettre de M. Dettonville A M. A.D.D.S" で,円の性質,螺旋の性質,放物線の性質について述べ,曲線の曲がり具合を接線を用い,比で表した.古代からの方法により,螺旋と放物線の関係を説明し,等長であることを証明した.

同年12月,『アモス・デットンヴィルから前国事院勅任参事官ド・カルカヴィ氏への手紙』"Lettre de Monsieur Dettonville à Monsieur.de Carcavi cy-devant conseiller du roy en son grand conseil" で,半ルーレットが,底の回りを回転してできる立体の重心を求める方法を説明した.いろいろな線(曲線),平面(曲面),立体の重心を求める一般的な方法について述べた.単純和,3角和(somme triangulaire),ピラミッド和(somme pyramidale) と呼んだ算術図形を用い,秤と錘の原理から重心を求めた.線の和や平面の和など不可分量を用い,無限小幾何学の方法を確立した.

1659年,36歳の時,デットンヴィルの名でホイヘンスに手紙『あらゆるルーレットの曲線の長さ,デットンヴィルからホイゲンス・ド・テェリヘムへの手紙』"Dimension des lingnes courbes de toutes les roulettes, Lettre de M. Dettonville A M. Huguens de Zulichem" を出した.

論争から出た新しい考え方がニュートンやライプニッツに受け継がれた

『直角3線形とその蹄状体との理論』"Traité des trilignes rectangles, et de leurs onglets"で，カルカヴィにあてた手紙の補足をした．直角3線形とは，直角3角形の斜辺を曲線にしたもので，直角3線形と正弦の関係が論じられた．『単純和，3角和，ピラミッド和の性質』"Proprietes des sommes simples, triangulaires et pyramidales"で，曲線を任意に分割して，単純和，3角和，ピラミッド和で表現した．『4分円の正弦論』"Traité des sinus du quart de cercle"で，4分円ABCを考え，4分円の任意の弧の正弦の和は，両端の正弦の間に含まれた底の部分に半径を掛けたものに等しいという命題を証明した．正弦の平方の和，立法の和，平方一平方の和と4分円の縦線の関係について述べた．この比例関係から，ライプニッツは円周率の級数表現にたどりついた．『円弧論』"Traité des arcs de cercle"や『回転体小論』"Petit traité des solides circulaires"で，求積の方法を示した．続いて，『続ルーレットの歴史』や『ルーレット一般論』"Traité général de la roulette"を出版した．

1660年5月から9月にかけて，パスカルは故郷のクレルモンに滞在していた．その間の7月に，数学の論争での疲労や体調を心配したフェルマからパスカルに面会を求める手紙が来た．

ポール・ロワイヤルと距離を置き，博愛を実践した

1660年，ルイ14世が，ポール・ロワイヤルが異端であるとの立場を明確にした．ルイ14世は，宰相制を廃止し，社会集団の伝統的な権利を否定し，制限した．1661年，ジャンセニストに対する弾圧が厳しくなった．同年，意見の相違があり，ポール・ロワイヤルと距離を置いた．

パスカルの数学は，出世という欲がないアマチュアの数学に昇華した．その後，ブロア地方の困った人を助けた．1662年，乗合馬車を作った．

1662年，8月，パスカルが他界した．

4.4　順列

＜記数法などに用いられる重複を許す順列＞

2個の異なるものから作る数字

　2個の異なるものから1個を選ぶ場合，2つの場合がある．

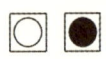

> 例えば，コインを投げて，表(白)が出るか裏(黒)が出るか賭けをする
> 1投目に出るのは，表(白)か裏(黒)のどちらかである

　2個の異なるものから，重複してもよいとして2個を選ぶ場合，4つの場合がある．

> 2回のコイン投げで，出る順番も当てないといけないとすると，
> ○●と●○は，違うものとなり，4つのケースが考えられる

　2個の異なるものから，重複してもよいとして3個を選ぶ場合，8つの場合がある．

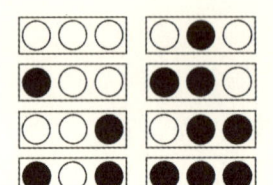

> 3回のコイン投げで，出る順番も当てないといけない
> とすると，8つのケースが考えられる

重複を許す場合

　相異なる n 個のものから，r 個を取り順序を考えに入れて，重複を許して並べる並べ方は，Π という記号を用いて，

$$_n\Pi_m = n^m$$

と表される．

＜重複を許さない順列＞

n 個の異なるものの中から r 個とって並べる

順列 (permutation) は，オブジェクトやシンボルを識別できる順序に配列し直すこと，つまり，並べ替えである．もう少し具体的にいうと，n 個の異なるものから r 個とって 1 列に並べたものを，n 個のものから r 個をとる 順列という．通常，順列は重複を許さない．

2 個の異なるものから 1 個を取る場合

2 個の異なるものから 1 個を選ぶ時，2 つの場合がある．

| 1 | 2 | 例えば，1と2の2枚のカードがある　そのうちの1枚を引く時，最初に引くのは，1か2のどちらかである |

2 個の異なるものから 2 個を取る場合

2 個の異なるものから 2 個を選ぶ時，重複した 11 と 22 を除くと 2 つの場合がある．

| 1 1 | 1 2 | 1と2の2枚のカードから，順番に2枚引く時，11や22はありえないので，12か21のどちらかである |
| 2 1 | 2 2 | |

2 個の異なるものから，重複を許さないで 3 個を選ぶ場合はない．

3個の異なるものから1個を取る場合

3個の異なるものから1個を選ぶ時，3つの場合がある．

| 1 | 2 | 3 | 例えば，1と2と3の3枚のカードがある．そのうちの1枚を引く時，最初に引くのは，1か2か3のどれかである |

3個の異なるものから2個を取る場合

3個の異なるものから2個を選ぶ時，6つの場合がある．

1 1	1 2	1 3
2 1	2 2	2 3
3 1	3 2	3 3

1と2と3の3枚のカードから，順番に3枚引く時，6つの場合がある

3個の異なるものから3個を取る場合

3個の異なるものから3個を選ぶ時，6つの場合がある．

111	121	131		112	122	**132**		113	**123**	133
211	221	**231**		212	222	232		**213**	223	233
311	**321**	331		**312**	322	332		313	323	333

6個の異なるものから1個を取る場合

例えば，1，2，3，4，5，6の6つの数字の並び方について考えてみる．6つの数字から1つだけ選ぶ場合は，6通りある．

6 個の異なるものから 2 個を取る場合

6 つの数字から 2 つ並べる場合は，表から求めると 30 通りある．

12	12	13	14	15	16
21	22	23	24	25	26
31	32	33	34	35	36
41	42	43	44	45	46
51	52	53	54	55	56
61	62	63	64	65	66

計算で求めると

$$\frac{6 \times 5 \times 4 \times 3 \times 2 \times 1}{4 \times 3 \times 2 \times 1} = 6 \times 5 = 30$$

となる．

6 個の異なるものから 3 個を取る場合

6つの数字から3個並べる場合は，計算で，
$$\frac{6\times5\times4\times3\times2\times1}{3\times2\times1}=6\times5\times4=120$$
と求められる．

6個の異なるものから6個を取る場合

120通りあり，6個並べる場合は，
$$\frac{6\times5\times4\times3\times2\times1}{1}=720$$
で，720通りある．

順列を記号で表す

相異なるn個のものから，r個を取り順序を考えに入れて，並べる並べ方，また，その並べ方の総数が順列である．

重複を許さない時の，この順列の総和は，英語の順列(permutation)という言葉の頭文字Pをとって，${}_nP_r$で表される．

$$_nP_r = n(n-1)(n-2)\cdots(n-r+1)$$
$$_nP_n = n(n-1)(n-2)\cdots 3\cdot 2\cdot 1$$

$n(n-1)(n-2)\cdots 3\cdot 2\cdot 1$は，1から$n$までの自然数の積であり，$n!$ (nの階乗) で表すことができる．$0!=1$と定義する．

階乗の記号を用いると，順序の総和は，

$$_nP_r = \frac{n!}{(n-r)!}$$
$$_nP_n = n!$$

と簡単に表示できる．

＜重複を許す場合と許さない場合の順列＞

0 から 9 までの 10 個の数字で考える

$0,1,2,3,4,5,6,7,8,9$ から，2 個を取り順序を考えに入れて，重複を許して並べる並べ方の総和は，

$$_{10}\Pi_2 = 10^2 = 100$$

となる．これは，0 から 99 までの数字の数と同じである．

順序を考えに入れて並べる並べ方の総和は，

$$_{10}P_2 = \frac{10!}{8!} = 10 \times 9 = 90$$

となる．100 から 00, 11, 22, 33, 44, 55, 66, 77, 88, 99 の 10 個が除かれるからである．

＜実際の順列の計算はこうする＞

6 個の異なるものから n 個を取る場合

例えば，6 つの数字から 2 つ並べる場合は，計算で求めると

$$\frac{6 \times 5 \times 4 \times 3 \times 2 \times 1}{4 \times 3 \times 2 \times 1} = 6 \times 5 = 30$$

となると理論的に説明したが，実際の計算は，$6 \times 5 = 30$ でよい．

1 つを選ぶときは，6 つの場合がある．2 つを選ぶときは，6×5 の場合がある．3 つを選ぶときは，$6 \times 5 \times 4$ の場合がある．4 つを選ぶときは，$6 \times 5 \times 4 \times 3$ の場合がある．…

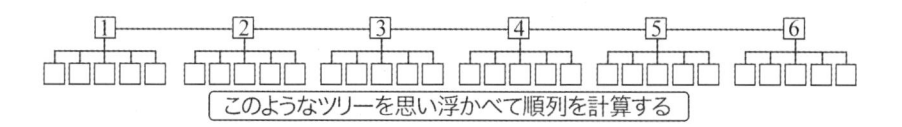

このようなツリーを思い浮かべて順列を計算する

4.5 組み合わせと確率

4.5.1 組み合わせ

2個から2つを選ぶ組み合わせ

n個の異なるものからr個を取ってできる組をn個のものからr個をとる組合わせという．

例えば，1, 2 の2個の数字から2つを選ぶ場合，順列では，'12'と'21'は異なるが，順序を考えない組み合わせでは同じになる．組み合わせの数は，1通りである．

1 1		重複は考えないので，11はない
1 2	2 1	12と21は同じと考えるので1通りだけである
2 2		

3個のものから2つを選ぶ組み合わせの数

1, 2, 3, の3つの数字から2つを選ぶ場合，順序を考えない組み合わせでは，12と21，13と31，23と32は同じになるので，3通りになる．

1 1	1 2	1 3		12 21	13 31
2 1	2 2	2 3			23 32
3 1	3 2	3 3			

6個のものから2つを選ぶ組み合わせの数

1, 2, 3, 4, 5, 6, の6個の数字から2つの数字を選ぶその並び方と組み合わせは次の図のように15通りになる．

12	12	13	14	15	16
21	22	23	24	25	26
31	32	33	34	35	36
41	42	43	44	45	46
51	52	53	54	55	56
61	62	63	64	65	66

6個のものから2個選ぶ場合,重複を許さない順列では,30通りである

12, 21	13, 31	14, 41	15, 51	16, 61
	23, 32	24, 42	25, 52	26, 62
		34, 43	35, 53	36, 63
			45, 54	46, 64
				56, 65

6個のものから2個選ぶ場合,組み合わせでは順序が関係しないので,順列の半分の15通りとなる

6個のものから2つ,または3つを選ぶ,順列と組み合わせの数の計算

2個を選ぶ順列の場合は,

$$\frac{6 \times 5 \times 4 \times 3 \times 2 \times 1}{4 \times 3 \times 2 \times 1} = \frac{6 \times 5}{1} = 30$$

通りあるが,組み合わせでは,

$$\frac{6 \times 5 \times 4 \times 3 \times 2 \times 1}{(2 \times 1) \cdot (4 \times 3 \times 2 \times 1)} = \frac{6 \times 5}{2} = 15$$

となる.

3個を選ぶ順列の場合は,

$$\frac{6 \times 5 \times 4 \times 3 \times 2 \times 1}{3 \times 2 \times 1} = 6 \times 5 \times 4 = 120$$

で,120通りあったが,組み合わせでは

$$\frac{6 \times 5 \times 4 \times 3 \times 2 \times 1}{(3 \times 2 \times 1) \cdot (3 \times 2 \times 1)} = \frac{6 \times 5 \times 4}{3 \times 2 \times 1} = 20$$

と計算できる.

n 個から r 個を選ぶことを一般化する

1から n までの自然数の積は,$n!$ (n の階乗) で表すことができた.ただし,$0! = 1$ と定義された.

n 個の異なるものから r 個を取ってできる重複を許さない順列の数を階乗を使って，
$$_nP_r = \frac{n!}{(n-r)!}$$
と表すことができた．

n 個の異なるものから r 個を取ってできる組わ合せの総数は $_nC_r$ で表される．総数を階乗を使って表すと，
$$_nC_r = \frac{n!}{r!(n-r)!}$$
となる．ただし，$_nC_n = 1$ であるとする．

パスカルが組み合わせと 2 項係数の関係を示した

パスカルは，いくつかの物の中から一定数のものを選び出す場合，提出されたすべての中から，許されただけを取り出す仕方のすべてを「相異なる組み合わせ」と呼んだ．

例えば，4 文字 1,2,3,4 で表される 4 個のものから 2 個選び出す仕方は，1 と 2，1 と 3，1 と 4，2 と 3，2 と 4，3 と 4 の 6 通りある．

4 個のものから 3 個選び出す仕方は，1 と 2 と 3，1 と 2 と 4，1 と 3 と 4，2 と 3 と 4 の 4 通りある．

パスカルは，これをまとめて，「4 のうち 1 つを選ぶのは 4 通りに組み合わされる．4 のうち 2 つを選ぶのは 6 通りに組み合わされる．4 のうち 3 つを選ぶのは 4 通りに組み合わされる．4 のうち 4 つを選ぶのは 1 通りに組み合わされる」とし，「4 のうち 1 つを選ぶ組み合わせの数は 4．4 のうち 2 つを選ぶ組み合わせの数は 6．4 のうち 3 つを選ぶ組み合わせの数は 4．4 のうち 4 つを選ぶ組み合わせの数は 1」と言い換えた．「そして，4 のうちにおこない得る組み合わせ一般の総和は 15 である」と説明した [8]．

2項係数を階乗で表現する

2項式 $x+y$ の n 乗の2項展開の一般項 $x^k y^{n-k}$ の2項係数は次のように表された．

$$\frac{n(n-1)\cdots(n-k+1)}{1 \cdot 2 \cdots\cdots k}$$

この上下に同じものを掛けて，次のように変形できる．

$$\frac{\bigl(n(n-1)\cdots(n-k+1)\bigr) \cdot \bigl(1 \cdot 2 \cdots (n-k)\bigr)}{\bigl(1 \cdot 2 \cdots\cdots k\bigr) \cdot \bigl(1 \cdot 2 \cdots (n-k)\bigr)}$$

さらにこれは，

$$\frac{n(n-1)\cdots(n-k+1) \cdot (n-k)\cdots 2 \cdot 1}{\bigl(1 \cdot 2 \cdots\cdots k\bigr) \cdot \bigl(1 \cdot 2 \cdots (n-k)\bigr)}$$

と変形できる．

それを階乗を用いて表すと

$$\frac{n!}{k!(n-k)!} = \begin{pmatrix} n \\ k \end{pmatrix}$$

となる．自然数 n に対して，2項展開は，

$$(x+y)^n = \sum_{k=0}^{n} \begin{pmatrix} n \\ k \end{pmatrix} x^k y^{n-k}$$

と表現できる．これを組み合わせの記号を用いて，

$$(x+y)^n = \sum_{k=0}^{n} {}_nC_k x^k y^{n-k}$$

と表現できる．

4.5.2 確率

賭けに勝つ確率は？

　勝つ確率が 1/2 の賭け事や勝負は，たくさんの種類がある．コインの裏か表かを賭ける，数字が偶数か奇数かのどちらかに賭ける，トランプで赤か黒かに賭ける，テニスのサーブを決めるトスなど数え上げるときりがないくらいである．

　確率が 1/2 の場合は，単純で分かりやすい．ゲーム機を使って娯楽性を増したものも考案された．円盤に偶数 (E) と奇数 (O) を書いて，それを回し，矢印に E(Even) か O(Odd) かどちらかが止まった方が勝ちというゲームが行われた．回転盤では，E と O の数を同じにしておけば，偶数が出るか，奇数が出るかの確率は，1/2 である．

賭けに勝つ確率を変える

　ルーレットのように玉を用いれば，娯楽性をさらに増すことができる．ヨーロピアンスタイルのルーレットでは，ホイール（回転盤）に 0〜36 までの 37 個の数字がある．1 の数字が出る確率は，1/37 である．特定の 1 つの数字に賭ける 1 目賭けでは，例えば配当を 36 倍とする．そうすると，掛け金と配当の差は，ハウスアドバンテージと呼ばれ，主催者の収益源となる．

　サイコロでは，偶数が出るか，奇数が出るかの確率は，1/2 である．サイコロを振って，1〜6 のいずれか 1 つ，例えば 1 の数字が出る確率は 1/6 である．

1 枚のコインを用いた確率

　裏と表が出る確率が同じコインを投げる．すると，裏が出る確率は 1/2，表が出る確率も 1/2 である．

○ ● 　　2つの場合があり，
　　　　　確率は1:1である

2枚のコインを用いると，もう少し複雑になる

2枚の場合，コインを投げて，両方とも表になる，1枚が表で1枚が裏になる，両方とも裏になるの3つのケースがある．

両方とも表，1枚が表で1枚が裏，両方とも裏のそれぞれの，確率は1/4, 2/4(=1/2), 1/4 となる．

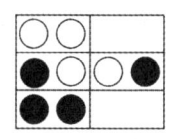

3つの場合があり，
それぞれの確率は
1:2:1である

3枚のコインを用いると，さらに複雑になる

3枚のコインを投げる場合，3枚とも表になる，2枚が表で1枚が裏になる，1枚が表で2枚が裏になる，3枚とも裏になるの4つのケースがある．

それぞれの，確率は 1/8, 3/8, 3/8, 1/8 となる．

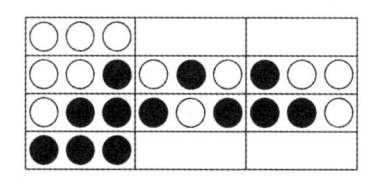

4つの場合があり，
それぞれの確率は
1:3:3:1である

4.6 イギリスでべき展開級数の総まとめが行われた

4.6.1 改革と平和が数学を発展させる

〈宗教改革が数学発展の土壌をつくった〉

国教会の設立と国教会系とカトリック系の国王の争い

 16世紀にイングランドでは，国王ヘンリー8世 (Henry VIII) が離婚問題や政治問題から，ローマカトリックに反旗を翻し，国王を教会の長とするイングランド国教会ができた．1559年，エリザベス1世 (Elizabeth I) の時，ローマカトリックから分離独立した．

 その後，イングランド国内で，国教会系とカトリック系の国王継承問題の紛争があり，両派の王族の間で，暗殺や殺略が繰り返された．

国教会とカトリックと清教徒（改革派）の三つ巴の争い

 1598年，スコットランド王ジェームズ6世は，王の地位は神から与えられたとする王権神授説を唱え，絶対的な支配を目指した．司教の任命権や教会の財産も王のものとした．それに対して，スコットランドのカトリック派の長老会議が反発した．

 王族の権力闘争の中，1603年，スコットランド王ジェームズ6世がイギリス王（イングランド王，アイルランド王）ジェームズ1世 (James I) として王位を継承した．彼は，3国の王となった．

 イングランドでは，国王が支配する国教会による支配が確立した．それに対して，本来の信仰に立ち返ろうとする宗教改革を望む教会とそれを支持する市民等が現れ，清教徒と呼ばれた．国王は，彼の政策に反対する両極端のカトリック教徒と清教徒を迫害した．

 ローマ教皇庁は1616年に，コペルニクスの地動説を禁ずる布告を出し，新しい学問を押さえつけ，暗黒の時を長引かそうと努力していた．

スコットランドやアイルランドでは，カトリックが国教会に抵抗した

　1625年，ジェームズ1世の子チャールズ1世 (Charles I) がイングランド国王として即位した．彼は，イングランド国教会の祈祷書をスコットランドに強制した．1639～1640年，宗教紛争と権力争いが重なり，国教会のイングランドと長老派のスコットランドが争った．主教戦争 (Bishops' Wars) と呼ばれた．

　1641年，アイルランドでは，カトリック派が決起し，王党派と争った．

清教徒革命：議会軍が国王軍に勝利し，暗黒から抜け出すかと思われた

　国王は王党派を強化し，国教会を通じて，国民や教会を支配する組織を強固にした．関税問題などで議会を無視した政治を行い，議会派と対立した．イングランドでは，王党派と王の専制政治に反対する議会派が争った．王党派は，貴族や特権商人，保守的なジェントリが支持した．議会派は，進歩的なジェントリや商工業者が支持した．

　1642年，内戦となり，議会派は清教徒と組んだ．1645年，国王軍と議会軍のネイズビーの戦いで，議会軍が勝利した．

清教徒革命：独立派が長老派に勝ち国王を処刑し，再び別の闇に陥った

　その後，議会派が長老派と独立派に分裂した．共に闘い勝利した改革派が分裂し，内紛が起きるのは，世の常であった．

　長老派は，長老会が教会を統制する長老教会制度を目指した．また，独立派は，カルバン主義で，各教会が独立して存在することを目指した．独立派は，クロムウェルなど軍の将校が多く支持した．

　国王との妥協の道を探る長老派と徹底抗戦の独立派の間で抗争となり，独立派が勝利した．1649年1月，チャールズ1世イングランド国王は処刑された．いわゆる清教徒革命 (Puritan Revolution) である．

王政復古への道：チャールズ2世がアイルランド国王となった

　チャールズ2世は，処刑されたチャールズ1世の子どもで，清教徒革命の時，身に危険を感じ，フランスに亡命した．その後，オランダのハーグに移った．弟のジェームズも幽閉先から脱出し，ハーグに亡命した．
　カトリックで反議会派のアイルランドは，チャールズ2世を国王とした．チャールズ2世は，オランダで戴冠式を挙行した．
　1649年2月，スコットランドは革命に反対し，チャールズ2世を国王とし，チャールズ2世は，スコットランドに上陸した．
　しかし，イングランドのクロムウェル軍に敗れ，チャールズ2世とステュアート1族は，再び，ヨーロッパに亡命した．チャールズ1世の子どものチャールズ2世と弟のジェームズは，フランスの将軍やスペインの将軍の軍隊で，軍人として活躍した．

王政復古：チャールズ2世がイングランド国王となった

　1660年，イングランドの長老派が復活し，内乱が起きた．長老派が独立派の軍に勝利した．争いに疲れた議会や国民は王の復帰を望み，チャールズ2世がオランダから戻り，国王となった．王政復古と呼ばれた．
　チャールズ2世の時，議会のトーリー党とホイッグ党が対立した．トーリー党は国王を支持し，国王は，ホイッグ党を弾圧した．1685年，チャールズ2世の弟のジェームズ2世がイングランド，スコットランド（ジェームズ7世を名乗った），アイルランドの王として即位した．フランスへの亡命経験を持つジェームズ2世は，カトリックを復活した．

名誉革命：カトリックの王を追放し，科学に光明が差した

　イングランド王ジェームズ2世（ジェームズ7世スコットランド王）を追放し，娘のメアリーと夫のウィリアム3世を王にした．独自の方法で2つの闇から抜けた改革は，名誉革命と呼ばれた．学問の発展に勢いがついた．

4.6.2 ヨーロッパの数学がイギリスで総括的な完結を見た

〈ブルック・テイラーとテイラー級数〉

革命前の高貴な生まれの数学者

　ブルック・テイラー (Brook Taylor, 1685 〜 1731 年) は，現在のイギリスの大ロンドン (Greater London)，当時はミドルセックス州のエドモントン (Edmonton) で生まれた．生家は，高貴な家系で裕福な家であった．
　父のジョン・テイラー (John Taylor) は，イギリスの南東に位置するケント州で，政府関係の仕事をし，音楽や絵画を好み，学問に理解があり，厳格でもあった．母のオリバー・テンペスト (Olivia Tempest) はイギリスの北東部に位置するダラム (Durham) の出で，貴族の娘であった．

基礎知識は家庭教師から得た

　幼い頃は，家庭教師がテイラーの教育をした．1703 年，ケンブリッジのセント・ジョーンズ・カレッジに入学した．法学を学ぶのが目的であった．
　テイラーは，大学で法学よりも数学に興味を覚えた．数学は，円周率を早く求められるマチンの公式 (Machin's formula) を見つけたジョン・マチン (John Machin) やグレゴリーの弟子のジョン・キール (John Keill) から学んだ．
　在学中に，弦の基本振動数が，弦を張った時の張力と，弦の質量に関係することを数学的に解いたが，発表はしなかった．1709 年にケンブリッジ大学で法学士の学位を得た．

ライプニッツと論争し，級数展開の総括的な理論を仕上げた

　彼は，ニュートンの熱心な崇拝者となり，ライプニッツとの論争で，ニュートンを擁護した．そして，ライプニッツを擁護した大陸の数学者たちと強く対立し，大陸の数学者と公開討論を繰り広げた．

1712年，彼はロンドン王立協会会員となった．同年，関数の性質を研究し，関数のべき級数による展開の一般公式を発見した．重要な発見であり，論文を書いたが，1715年まで，発表しなかった．

マーダヴァ，パスカル，グレゴリー，ライプニッツと多くの数学者が個別に発展させたべき級数展開を1つの法則でまとめ上げた．1714年に法学博士の学位を得た．同年，弦の基本振動 (centre of oscillation) についての論文が『哲学紀要』"Philosophical Transactions of the Royal Society" に載った．1714年，テイラーはロンドン王立協会の秘書となった．

1715年から1724年の間，たくさんの論文を書いた

1715年，『正と逆の増分法』 "Methodus incrementorum directa et inversa (Methods of direct and inverse incrementation)" を発行した．弦の振動問題の数学的研究の結果を述べ，現在の差分法 (calculus of finite differences) を発展させ，数学の新しい分野を創った．

同年，『線遠近法あるいは作画法の新しい原理』 "New principles of linear perspective or the art of designing on a plane" を発行した．

テイラー級数

テイラーは，テイラー級数 (Taylor series) と呼ばれる式を発見した．テイラー級数を得ることをテイラー展開 (Taylor expansion) という．$f(x)$ の $x = c$ におけるテイラー級数は

$$f(x) = f(c) + \frac{f'(c)}{1!}(x-c) + \frac{f''(c)}{2!}(x-c)^2 \cdots$$
$$= f(c) + \sum_{n=1}^{\infty} \frac{f^{(n)}(c)}{n!}(x-c)^n$$

である．ただし，$f(x)$ を c で微分可能な関数とする．微分可能であれば，どのような関数にも適用できることを示した．

〈コリン・マクローリン〉

数学が国家的，軍事的対立の勝利のために使われた

ガリレオが育てた科学や数学は，グレゴリー，ニュートンに受け継がれ，国家戦略に利用されるようになった．科学を重視した国家戦略は，後に地中海の制海権を握ることになる強大なイギリス海軍を生み出した．

コリン・マクローリンは，牧師の子として生まれた

コリン・マクローリン (Colin Maclaurin, 1698 〜 1746 年) は，スコットランドのアーガイル (Argyll) のキルモダン (Kilmodan) で生まれた．現在の行政区であるアーガイル・アンド・ビュート (Argyll and Bute) は，スコットランドの西部に位置し，複雑な海岸線を持っている．

彼の父のジョン・マクローリン (John Maclaurin) は，グレンダーユエル (Glendaruel) の牧師であったが，コリンが生まれてまもなく亡くなった．母の名はキャメロン (Cameron) といった．

孤児となったマクローリンは，牧師の伯父に育てられた

9 歳の時，母を亡くし，マクローリンは孤児となり，キルフィナン (Kilfinnan) の牧師をしていた裕福な伯父に育てられた．

1709 年，神学を学ぶためにグラスゴー大学 (Glasgow University) に入学した．グラスゴー大学は，1451 年に神学校として設立された．その大学で，マクローリンはユークリッドの原論を短期間でマスターした．

牧師の家系に生まれて，神学より数学を選んだシムソン

マクローリンに数学を教えたロバート・シムソン (Robert Simson, 1687 〜 1768 年) の父親は牧師で，息子が聖職につくことを期待した．シムソン

は，グラスゴー大学で神学の論文を書こうとしたが，与えられたテーマの論文を書く気がしなかった．エドモンド・ハレーの数学とユークリッドの原論に興味を持ち独習した．その後，ロンドンに出て，数学を学んだ．1711年，グラスゴーに戻り，グラスゴー大学の数学教授となった．

卒業後，聖職者よりも数学者を選んだマクローリン

1713年，『重力について』"Power of Gravity" という論文で学術修士の学位 (master of arts) を取得した．神学の勉強をするために，大学に残ったが，神学論争に馴染めなかった．1714年初頭，聖職者になる道を諦め，キルフィナンの伯父の元に帰った．

マクローリンは，神学より数学を選んだシムソンから数学を学び，同じような道を選択した．1714年，後に発表する「幾何学原理」を発見した．

若くして教授になった

1717年，19才で，アバディーン (Aberdeen) のマーシャル・カレッジ (Marischal college) の数学教授となり，1722年まで続けた．アバディーン (Aberdeen) は，スコットランドの北東部にある都市で，エディンバラとグラスゴーに次ぐ第三の都市である．

アバディーンには，1495年に創立のカトリック系のキングズ・カレッジ (Kings College) と 1593年に創立のマーシャル・カレッジがあった．1860年に統合され，現在のアバディーン大学となった．

孤独な幼少期を過ごしたニュートンと出会った

1719年，ニュートンに会い，ロンドン王立協会会員になった．1720年，『幾何学原理』"Geometria organica: siue descriptio linerum curvarum universalis (Organic Geometry: with the description of the universal linear curves)" をロンドンで出版した．

同年,『幾何曲線（幾何的な線）の普遍的性質について』"*De Linearum geometricarum proprietatibus generalibus tractatus* (A tract on the general properties of geometrical lines " を執筆した．

フランスで学んだ後，ニュートンを継いだ

1722年から数年，フランスで貴族の子どもの家庭教師の仕事をした．1724年,『物体の衝突について』"*Percussion of bodies*" という論文で，フランスの科学アカデミー賞を受賞した．1725年，ニュートンの推薦で，エディンバラ大学の教授となった．ニュートンの弟子となり，後継者となった．

1738年,『解析』"*Analyst*" をレターで発表した．それを『流率論』"*A treatise on fluxions in two volumes*" としてまとめた．1740年，フランスの科学アカデミーは，潮汐の理論 (the theory of the tides) で，ベルヌーイ，オイラー，マクローリンに賞を授与した．1742年,『流率論』を出版した．

科学の発展は国王の宗教によって左右された

名誉革命に反対の勢力，ジャコバイト (Jacobite) はスコットランドのハイランド地方で勢力を持っていた．ジャコバイトは，カトリック系の国王であったスコットランド王としてはジェームズ7世，イングランド王・アイルランド王としてはジェームズ2世を支持するカトリック派で，王のラテン語の名前 (Jacobus) が語源である．

大学では，王がカトリックか国教会かで優遇される研究者が違った．また，研究者の宗派が，学術的ポストの獲得に影響した．

当時のカトリック指導者は，体制の維持を目指すことに重きを置く一派が主流を占め，真実を語るヨーロッパの科学者を弾圧し，正誤の判断を間違っていた．イギリスの進歩的な科学者は，ヨーロッパの進歩的な科学者を支持し，当時のカトリックに反感を持つ者が多かった．

ジャコバイトの乱で亡命した

1745年，ジャコバイトとチャールズ王子が起こしたジャコバイトの反乱は，名誉革命に対する反乱であった．チャールズ・エドワード・ステュアート (Charles Edward Stuart) は，名誉革命でイギリスを追われた国王ジェームズの子どもである．フランスのルイ15世の後ろ盾があるチャールズの軍はエディンバラを攻めた．

その時，マクローリンは，エディンバラ政府軍側に付き，エディンバラの防衛に奮闘した．エディンバラが陥落し，マクローリンはイングランドに亡命した．

彼は戦争の労苦や1745年秋の落馬事故で病気がちになった．1746年，イギリス政府軍が反乱を鎮圧した．同年，マクローリンは亡くなった．

代数学と幾何学をまとめた書が出版された

1748年，代数学と幾何学をまとめて解説したマクローリンの『代数論』 "Treatise of algebra in three patrs" が出版された．3部形式で，x や y などの変数や a などの定数を使った代数式の計算法を示し，その式が表す図形を示した．そして，微分係数が図で示された．

第2部では，根号を含む式の計算が紹介された．第3部では，代数学と幾何学の相互の応用について述べられた．

付記に，『幾何曲線の普遍的性質』 "De linearum geometricarum proprietatibus generalibus tractatus" が載せられた．

1750年，未完の『サー・アイザック・ニュートンの発見論考』 "Account of Sir Isaac Newton's discoveries" が出版された．

マクローリン級数

テイラー級数で，$c = 0$ のものをマクローリン級数 (Maclaurin series) という．

$$f(x) = f(0) + \frac{f'(0)}{1!}(x) + \frac{f''(0)}{2!}(x)^2 \cdots$$
$$= f(0) + \sum_{n=1}^{\infty} \frac{f^{(n)}(0)}{n!}(x)^n$$

マクローリン級数の例

指数関数
$$e^x = 1 + \frac{x}{1!} + \frac{x^2}{2!} + \frac{x^3}{3!} + \cdots + \frac{x^n}{n!} + \cdots \quad \text{for} -\infty < x < \infty$$

自然対数
$$\ln(1+x) = x - \frac{x^2}{2} + \frac{x^3}{3} - \frac{x^4}{4} + \cdots + \frac{(-1)^{n-1} x^n}{n} + \cdots \quad \text{for} -1 < x < 1$$

幾何級数
$$\frac{1}{1-x} = 1 + x + x^2 + x^3 + x^4 + \cdots + x^n + \cdots \quad \text{for} -1 < x < 1$$

2項定理
$$(1+x)^\alpha = 1 + \alpha x + \frac{\alpha(\alpha-1)x^2}{2!} + \frac{\alpha(\alpha-1)(\alpha-2)x^3}{3!} + \cdots$$
$$+ \frac{\alpha(\alpha-1)(\alpha-2)\cdots(\alpha-n+1)x^n}{n!} + \cdots$$

3角関数
$$\sin x = x - \frac{x^3}{3!} + \frac{x^5}{5!} - \frac{x^7}{7!} + \cdots + \frac{(-1)^{n-1} x^{2n-1}}{(2n-1)!} + \cdots$$
$$\cos x = 1 - \frac{x^2}{2!} + \frac{x^4}{4!} - \frac{x^6}{6!} + \cdots + \frac{(-1)^n x^{2n}}{(2n)!} + \cdots$$
$$\tan x = x - \frac{x^3}{3} + \frac{2x^5}{15} - \frac{17x^7}{315} + \cdots$$
$$+ \frac{(-1)^n 2^{2n+2}(2^{2n+2}-1) B_{2n+2} x^{2n}}{(2n+2)!} + \cdots \quad \text{for } -\frac{\pi}{2} < x < \frac{\pi}{2}$$

4.7 フランス革命を生きた数学者

4.7.1 フランス革命とその前夜

＜数学の暗黒の時代のフランス＞

ゲルマン民族の大移動で混乱が起こった

3世紀頃，気候変動により，北方のスカンディナビア半島からバルト海周辺に住んでいたゲルマン人が南下し，中部ヨーロッパに移動した．ゲルマン人のフランク王国(仏：Francs)は，北から順次領土を広げ，481年，メロヴィング朝がフランク王国の最初の王朝となった．

フランク王国は，カトリックに改宗し，ローマ教皇に接近した

フランク王国のメロヴィング朝初代国王クロヴィス1世(Clovis Premier)は，王妃の薦めでカトリックの洗礼を受け，カトリックに改宗した．そして，ローマ教皇や崩壊した西ローマ帝国の貴族の支持を得た．

ゲルマン系のカペー朝が教会の組織を統治に利用した

メロヴィング朝に属していたカロリング家は，732年，イスラム勢力との戦いに勝利し，威信を高め，751年，カロリング朝を開いた．
「司教座組織が軍事・行政に活用され，また少なくとも300人にのぼる地方有力者が『伯』(コント)と呼ばれる地方行政官に任命された[15]」．
987年，パリ伯ユーグ・カペーがフランス王に選ばれ，1328年までカペー朝が続いた．カペー朝の時代になると軍事・行政組織に組み入れられた教会は，僧の妻帯を許し，戦闘を行い，行政機関の役割を増大させた．

＜宗教改革が数学に光をもたらした＞
政治と力の支配に組み込まれた教会の軌道を修正した

　教会が権力に近づき，信仰から離れていく現状が危惧された．そこで，「クリュニー修道会」,「シトー修道会」,「フランチェスコ会」,「ドミニコ会」など苦行と瞑想や清貧を重視する修道院改革運動が起こり，教会の軌道修正がなされた．

ヴァロワ朝とヨーロッパの危機

　1328 年，カペー家の支流のヴァロワ家からフランス王が出て，1589 年までヴァロワ朝が続いた．14～15 世紀になると，飢餓，疾病，戦争という危機がヨーロッパ全土にわたって発生した．

　1364 年から 1380 年まで在位したヴァロワ朝第 3 代の王，シャルル 5 世は，ラテン語や幾何学など 7 自由科を習得した深い教養の持ち主であり，賢明王と呼ばれた．膨大な蔵書を有し，学問に理解がある王の下で，神と共にあったオレームが活躍した．

勝れた能力を持つとされた貴族が支配する身分制度

　フランス革命以前のフランスには身分制度 (French class system) に基づく階級 (Social classes) があった．それは，征服者と征服された者の政治的，社会的身分制度であった．勝れた者による支配（貴族支配）の下に国家の繁栄と安定があると正当化された．

　勝れた者という考え方は，ギリシャに起源を持ち，軍の先頭に立つ高貴な義務 (noblesse oblige) を持つ最上の者とされた考え方である．

　旧制度の社会は，王の下に，第一身分の聖職者，第二身分の貴族，第三身分の平民で構成されていた．

＜新しい身分の台頭が数学の発展に拍車を掛けた＞
商工業の発展で中間団体が生まれた

　経済的に社会が発展し，毛織物商人，肉屋などの職能団体や農村共同体が財を蓄え，勢力を伸ばした．

　1354年にパリ商人頭となったエティエンヌ・マルセルは，1358年，国王と対立し，反乱を起こした．マルセルは，衣類商の生まれで，商人頭とは市長のような役割であった．

近世フランス王国とブルボン朝

　1589年，ヴァロワ朝の嫡流が断絶し，ブルボン家からフランス王が出て，1792年のフランス革命まで，ブルボン朝が続いた．そこで，聖職者・貴族の代表に新しく特権的市民の代表が加わった身分制議会が発足した．宰相リシュリューの時代，メルセンヌやパスカルが活躍した．

複雑化したアンシアン・レジーム

　基本的に聖職者は第一身分に属したが，実際は，貴族や富裕層出身の第一身分の聖職者と平民出身の第三身分の聖職者がいた．

　第二身分は，宮廷貴族や地方貴族など旧来からの貴族（帯剣貴族と呼ばれた）に，王の財政に貢献して貴族となった法服貴族が加わり，複雑化した．

　第三身分は，市民と農民とに分けられた．市民は，法律家，実業家などの上層市民や中層市民，下層市民，そして職人などのサン・キュロットに分かれた．

　アンシアン・レジーム (Ancien Régime) のアンシアンは，古代を意味し，レジームは，政権を意味する．複合して，フランス革命以前の絶対君主制旧制度を意味する．王と貴族，帯剣貴族と法服貴族，農民と領主などの間で，身分の階層間の利害に絡んだ争いが頻発した．

4.7.2　新興ブルジョワジーの革命理論

＜フランス革命への布石を敷いたダランベール＞

不義の子として生まれた

　ジャン・ル・ロン・ダランベール (Jean Le Rond d'Alembert, 1717 ～ 1783 年) はパリで生まれた．父のルイ・カミーユ・デトッシュ(Louis-Camus Destouches) は貴族 (chevalier) で，砲兵隊の将校であった．母のクロディーヌ・アレクサンドリーヌ・ゲラン・ド・タンサン (Claudine Alexandrine Guerin de Tencin) は，後のタンサン枢機卿の妹で侯爵夫人であった．元修道女で，作家で，愛人が多くいた．

生まれてまもなく教会の前に置いていかれた

　父が戦地に行っている間に，ダランベールが生まれた．母は，生まれてまもない子どもをパリのノートルダム寺院の近くにあった教会の階段に置き去りにした．戦地から戻った父は，子どもの行方を探し出し，国王の侍医の養子とし，貴族の子とした．その上で，ガラス職人の夫婦にダランベールの養育を依頼した．養育費は，父のデトッシュが支払った．

　4 歳で小学校の寄宿舎に入り，10 歳まで基礎的な学問を習得した．デトッシュが亡くなり，ダランベールに年金が残され，その後のダランベールに生計の苦労はなかった．

カレッジで数学の基礎を学んだ

　1729 年，哲学や法律を学ぶために，マザランの遺産で設立されたジャンセニウス派のコレージュ・ド・カトル・ナシオン（マザラン・コレージュ(Collége Mazarin, Collége des Quatre-Nations(College of the Four Nations)))に行った．専門科目の他に，デカルトやパスカル，ライプニッツの理論を学んだ．

法律関係の仕事をしながら，余暇に数学を勉強した

　コレージュの牧師は，ダランベールにパスカルの再来を見，イエズス会との論争に加わってくれることを望んだが，この時は，神学論争に興味を示さなかった．その後，法律学校に行き，1738年，弁護士の資格を得た．さらに，医学を1年間学んだ．

　1738年，父がつけた名前，"Daremderg" から "d'Alembert" に改名した．数学をやめて，実業的な仕事をしようとしたが，数学への情熱は日ごとに増した．

　1739年，最初の数学の論文をフランス科学アカデミーに提出した．

　1742年，科学アカデミーの天文学準会員に選ばれた．1743年,『動力学論』"Traité de dynamique" を出版し，ダランベール力学を発表した．運動の問題である動力学を，平衡の問題の静力学に変える「ダランベールの原理」を発表した．

惑星の動きを力学で説明した

　1745年から,『太陽系に関するさまざまな重要な点についての研究』"Recherches sur différens points importans du systéme du monde" を発表した．

　1746年頃，ジョフラン夫人のサロンに出入りを始めた．

　1747年,『振動する弦の研究』を出版した．数学の問題解法を示した．

　1749年,『地球の春分点歳差と重力についての研究』"Recherches sur la precession des equinoxes et sur la nutation de l'axe de la terre" を発表した．ニュートンが残した数学的問題の解法を示した．

万物の根源は「力」である

　この時代になると，ニュートンの理論から神の作用を排除し，科学的唯物論的に推し進めて,「力」がすべての根源であるとするダイナミズム (dynamism) が時流となった．ギリシャ語の "dynamis" は,「力」という意

味があり，それから「力学」"dynamics" や「ダイナマイト」"dynamite" という言葉が派生した．古代のギリシャでは，"dynamis" は，冪（べき）という意味で用いられ，英語の "power" となった．

1744 年，『流体の平衡と運動に関する論文』"Traité de l'équilibre et du mouvement des fluides" を出版した．動力学に続く論文であった．

同年，『風の一般的原因に関する考察』"Réflexions sur la cause genetrale des vents" を発表した．これはベルリンアカデミー賞を受賞した．

新興商工業者層に影響を与えた『百科全書』

1728 年に，イーフレイム・チェンバーズ (Ephraim Chambers) は，イギリスの『百科事典』，『サイクロペディア，または諸芸諸学の百科事典』"Cyclopaedia, or An Universal Dictionary of Arts and Sciences" を編纂した．

1745 年，パリの出版業社が，イギリスの『百科事典』のフランス語への翻訳を企画した．1746 年，ディドロが編集長に選ばれた．ディドロは，『百科事典』の訂正と全面的な書き換えを企画し，貴族や著名人に多くの知り合いがあり，業績を上げていたダランベールに協力を依頼した．

ダランベールは，『百科全書，または学問，芸術，工芸の合理的辞典』"Encyclopédie, ou dictionnaire raisonné des sciences, des arts et des métiers (Encyclopedia, or a systematic dictionary of the sciences, arts, and crafts)" の編集者の一人となった [6]．

イエズス会が『百科全書』の趣意書に猛反発した

1750 年，ディドロが『百科事典』の趣意書 (Prospeetus) を書き，ダランベールが加筆した．それは多くの人びとに好意的に受け入れられたが，イエズス会は反発し，『百科事典』の発行の阻止に向けて圧力をかけてきた．

各地に学校をつくり，積極的に布教を行ったイエズス会の全盛の時であった．一方，『百科全書』が望まれたのは，新興の商工業者，ブルジョワジーが知的に成熟してきたからであった．

ダランベールが執筆した『百科全書』の項目

1751年に『百科全書』が発行され，ダランベールはその「序論」や「体系2」「力学」などを執筆した

序論では，「第1部 百科全書」の「第1章 知識の系譜」で観念の起源と系統について書いた．直接知識は五感を通じて得られると知識の本質を説明した．そして，物理学，幾何学，算術，天文学，力学，修辞学，歴史学，地理学，倫理学，哲学などの学問がどういうものかを説明し，博学ぶりを示した．

自然の模倣によって生じる反省的知識が芸術を生むとし，絵画，彫刻，音楽について述べた．苦痛をさけたり，要求を満たすために反省的知識が生まれるとした．

「第2章 人間知識の系統図」では，知識の歴史的序列と百科全書的序列を説明した．神学と呼ばれる神についての学問には，理性の自然神学とキリスト教聖史の啓示神学があると説明した．

種々の学問・芸術・工芸についても書いた．その中の「学問と技術の歴史その1」では，バルザック等の作家やミケランジェロ等の芸術家，デカルト等の哲学者，ニュートン等の科学者について解説した．さらに，「学問と技術の歴史その2」では，百科全書作成の初期には同志であったルソーの作品に苦言を呈した．

真理を語るときの心構えとして，「宇宙は崇高な難解さを持ったある種の作品に比較できるだろう．作者はときとして読者の能力の及ぶところまで下りてきて，読者に自分はあらゆることをほぼ理解しているのだと確信させようとする．だから，この迷路にふみ込んだ以上は，正しい道をはずさぬ幸福に恵まれんことを！」と述べた [5].

イエズス会の会士や神父がダランベールと百科全書を攻撃した．

自分と似たレスピナスと父の不義を思わせる同棲生活をした

1753年,『文学者と高位の人びとの集まりに関する手紙』で金持ちの援助が文学者を卑屈にしていると指摘した．ルソーは，これを聞いて面白くなかったであろう．

デュ・デファン夫人が，サロンの客のダランベールを応援し，アカデミー・フランセーズの会員になるよう勧めた．1754年，ダランベールは，アカデミー・フランセーズの会員になった．デュ・デファン夫人は，エノー高等法院長の愛人で，客は改革派が多かった．ジュリー・ド・レスピナス(Jeanne Julie Éléonore de Lespinasse)は，叔母のデュ・デファン夫人のサロンを手伝っていた．

1754年，ダランベールはレスピナスと知り合い，同棲生活をした．レスピナスは，不義の子であり，ダランベールより15歳年下であった．レスピナスは百科全書派の哲学にも理解があり人気が高かったため，デュ・デファン夫人のサロンを追い出され，自らサロンを主宰した．若いド・モラ侯爵やド・ギベール伯爵と交際した．ダランベールは，彼女の奔放な人間関係に悩んだという．

1755年，ダランベールは，ラグランジュを高く評価し，応援した．1757年発行の『百科全書』の「ジュネーブ」の項目をダランベールが執筆し，その内容にルソーが反発した．1759年，国王の顧問会議が,『百科全書』の配布を禁止したので,『百科全書』の編集から手を引いた．

パスカルのような宗教論争に

1762年，ジャンセニウス派が多くいる高等法院は，イエズス会系の学校，コレージュの閉鎖を命じた．1765年，ダランベールは『フランスにおける

イエズス会の壊滅について』を匿名で出版した．1766年，ラプラスを援助し，士官学校の教授に推薦した．

1776年，レスピナスは，ダランベールを憎み，ド・ギペールを思いながら，ダランベールの元で亡くなった．その後，ダランベールは，ルーヴルに引退した．1783年，本当の神を理解していたダランベールは僧侶を伴わずに亡くなったため，不信心者と言われた．

＜情念を追い求めた真の無神論者，ディドロ＞
ディドロはイエズス会の学校を出た後，放浪した

革命の指針となった『百科全書』の編集長となるドゥニ・ディドロ (Denis Diderot1713～1784年) は，フランスの東北部に位置するラングル (Langres) で生まれた．現在，ラングルは，シャンパンの生産で有名なシャンパーニュ・アルデンヌ地域圏にある．

父のディディエ (Didier) は，裕福な刃物作りの親方であった．母のアンジェリク (Angelique) は，裕福な皮革屋の娘であった．

1726年，イエズス会のコレージュ (中高等学校)，ルイ・ル・グラン (Louis-le-Grand) に入学した．1732年，哲学の修士号を得，コレージュでの教授資格を得た．しかし，僧侶になるのをやめて，執筆家の道を選んだ．進路や結婚で父と意見が合わず，家を飛び出し，放浪生活を送った．

新興市民のブルジョワジーは小説を読むなど知的に成熟してきた

ディドロは，イギリスのスタンヤンの『ギリシャ史』を翻訳 (1743年) したのをはじめ，いろいろな本の翻訳をして生計を立てた．その後，宗教的な作品，『修道女』などの小説，『絵画論』などの美術論，『私生児』などの戯曲等々，幅広い著作を行った．

パリでルソーと出会い，唯物論について考えた．ディドロは情念を重視するルソーに共感した．ルソーは，一時的に百科全書と関わった．

理性的な理神論から情念的は無神論に走った

1746年，ディドロは匿名で『哲学断層』を出版し，神の存在を不合理であると指摘した．その時は，無神論もありえないと，神と無神論の両方を否定した．そして，理神論が合理的であると記述した．

「至福へと導く方法は，理性によって情念を完全に支配し，理性に基づいて行動することである．情念は人を破壊と混乱に導く」というような禁欲主義を批判した．それは，パスカルのような生き方の批判であった．パリの高等法院は，『哲学断層』を発行禁止にし，焼き捨てるよう命令した．

1749年6月，『盲人書簡』"*Lettre sur les aveugles (Letter on the Blind)*" を匿名で発行した．宇宙を創造した神などいないと無神論を展開し，英知でなく生存競争が世界を創ったと主張した．信仰は架空の原理で，自然には存在しないとまで言い切った．

1749年7月から3ヵ月の間投獄された．軟禁されている間に，ギリシャ語のソクラテスの弁明をフランス語に訳した．

ディドロは『百科全書』にキリスト教の批判を盛り込んだが，出版業者のアンドレ・ル・ブルトンは，その部分を削除して出版した．

ディドロは「数学とは，物体からその個別的な特性が剥ぎ取られたところの一種の一般形而上学である」と文学的な解説を書いた．「物質が永遠で，運動が物質を配列し，物質が保存しているのをわれわれが見かけるところの一切の形式を，始源的に物質に与えるとしたら，君の君主の必要があるだろうか？」と物理や神学の解説も情念的であった．

情念の賛歌が恐怖政治へと向かわせた？

情念は理性の敵であるという禁欲主義に対して，ディドロは，「人は苦悩が情念のせいだとして，情念を排斥するが，一切の喜びの源泉も情念であることを忘れている」と情念を語り，情念は魂を偉大なものに向かわせるものであると主張した．

4.7.3 壊滅の危機を招く急進派によるフランス革命

<父の影響を受けたルソーとロベスピエール>

父の蒸発がルソーの思想に大きな影響を与えた

ジャン・ジャック・ルソー (Jean-Jacques Rousseau, 1712 ～ 1778 年) は，スイスのジュネーブ (Geneva) で生まれた．父は時計職人であった．幼少の頃，母が亡くなり，10 才の時，父が蒸発した．牧師に預けられ，13 才で，彫金工の徒弟奉公に出た．途中で逃げ出し放浪生活を送った後，裕福な婦人の愛人となった．

ルソーの思想が革命に大きな影響を与えた

1755 年，『人間不平等起源論』"*Discours sur l'origine et les fondements de l'inégalité parmi les hommes*" を書いた．1762 年,『社会契約論』"*Du Contrat Social*" を書いた．『社会契約論』に「子供たちが父親に結び付けられているのは，自分たちを保存するのに，父親を必要とする期間だけである」と書いた．

1770 年，赤裸々な自伝『告白』が完成した [14]．家族に恵まれず，心に大きな傷を持った自分に正直なルソーが，革命の精神的主導者として，革命の原動力となっていった．

イエズス会の解散命令

イエズス会は，千校に近い学校を経営し，卒業生は，牧師や大学教授として活躍した．日本や中国をはじめ，世界各国で熱心に布教を行った．

他の修道会が，イエズス会の中国での布教方法に異議を唱え，1773 年，ローマ法王クレメンス 14 世はイエズス会に解散を命じた．解散命令は，1814 年まで続いた．

革命の実行的な主導者となるロベスピエールの誕生

マクシミリアン・フランソワ・マリー・イジドール・ド・ロベスピエール (Maximilien François Marie Isidore de Robespierre, 1758 〜 1794 年) は，フランスの北部にあるアラス (Arras) で生まれた．

ロベスピエールは，弁護士や公証人の家系に生まれた．父方の祖父は，アラスで弁護士を始め，父も弁護士であった．

アラスは現在，ノール・パ・ド・カレー (Nord-Pas-de-Calais) 地域圏，パ・ド・カレー県の県庁所在地である．当時は，アルトワ (Artois) 州の州都であった．

アラスはケルト人によって開かれ，5 世紀にキリスト教に改宗した．教会を中心に発展し，10 世紀に羊毛産業が盛んになり，室内装飾用のタペストリーで有名になった．その後，アラス織りやボビンを用いて編むアラスレースが作られた．ゴシック様式のアラス大聖堂 (Arras Cathedral) が建てられたが，フランス革命で破壊された．現在のアラス大聖堂は，1833 年に再建されたものである．

父の蒸発がロベスピエールの人生に大きな影響を与えた

幼少の頃，母が亡くなり，父が蒸発した．両親がいなくなり，祖母や叔母に育てられた．苦学して，エリート校のリセ・ルイ・ル・グラン (Lycée Louis-le-Grand) に入った．法律や政治を学び，ローマの共和制やルソーの思想に興味を持った．リセ・ルイ・ル・グランを卒業し，清廉潔白で清貧な弁護士となった．

ロベスピエールが市民や農民の代表として政治に参入した

ルイ 16 世は人権思想に歩み寄り，1780 年，拷問の廃止を決定し，1783 年，175 年ぶりに三部会を招集した．しかし，三部会が紛糾し，第三身分が中心となり，1789 年 6 月，国民議会 (Assemblée nationale) の成立を宣

言した．7月，憲法制定国民議会 (Assemblée nationale constituante) と改称された．

1789年，ロベスピエールは，30歳にして，三部会のアルトワ州第三身分代表として政治の世界に参入した．

1789年7月，革命を目指すいろいろな身分の人たちで構成された革命派が一体となって，軍事施設の廃兵院を襲い，武器を奪った．ついで，火薬を求めてバスティーユ牢獄を襲撃し，フランス革命が始まった．

1789年10月，パリの広場に市民が集まり，ヴェルサイユ宮殿へ行進した．翌日，国王を拘束し，パリへ連行した．

ジャコバン・クラブ結成

ケルト系ブルトン人の風俗が伝えられた，フランス北西部のブルターニュ地方出身の議員の集まりの「ブルトン・クラブ」が母体となり，「憲法の友の会」がつくられた．フランス革命の頃，彼らはパリのサントノレ街のジャコバン修道院を本拠としたので，「ジャコバン・クラブ」と呼ばれるようになった．

革命の進行とともに，ロベスピエールがジャコバン・クラブ (club des Jacobins (Jacobin club)) の中心となっていった．

＜革命を成功させた人びとが身分間で抗争を始めた＞
革命派の帯剣貴族がジャコバン・クラブから分離独立

1790年，春，ラファイエットらの立憲君主制を掲げる立憲君主派がジャコバン・クラブから独立し，「89年クラブ」を作った．

1790年，3月，シャルル・モーリス・ド・タレーラン・ペリゴール伯爵 (Charles-Maurice de Talleyrand-Périgord) は，長さの単位の統一を提案した．タレーランは，貴族の家に生まれ，1779年，司祭となった．1789年，第一身分代表の三部会議員となり，教会財産の国有化を進めた．

1790年5月，立憲委員会は，度量衡委員会を設けた．委員会は，科学アカデミーの会員で構成された．委員長にラグランジュがなり，メートル法制定を行った．

1791年，教会の財産が没収され，国庫に入れられた．

革命派の法服貴族がジャコバン・クラブから分離独立した

1791年，ジャコバン・クラブは，国王を弾劾する左派と擁護する右派に分かれた．国王に理解があった右派は，ジャコバン・クラブから独立し，立憲君主派と合同した．彼らは，フイヤン修道院に集まったので，フイヤン・クラブ (Club des Feuillants) と呼ばれた．

ジャコバン派が上層階級と下層階級で分裂した

王党派に対して，革命派は，立憲君主制を掲げるジャコバン・クラブから独立したフイヤン派，上層，中層の市民が支持したジロンド派，急進派のジャコバン派に分かれていた．

下層の市民や職人等のサン・キュロット (Sans-culottes) は，急進的政策を掲げたジャコバン・クラブの山岳派 (Montagnards) を支持した．山岳派は，最初は小さい派閥で，議会の端の上の席にかたまっていたため山岳派と呼ばれた．

1792年，他国と戦いを主張するジロンド派と戦争に反対するロベスピエールの反戦派（山岳派）の間で論争が起こった．ジロンド派は，理性と情念を重視する，学問に建設的な百科全書派の意見を取り入れた．山岳派は，ルソーの政治理念に基づいて，身分差別や特権の廃止を主張した．

ジロンド派主導で宣戦布告したが，敗戦が続いた

1792年4月，革命政府はオーストリアに対して宣戦布告した．しかし，革命フランス軍は，各地の戦いで敗戦した．

革命フランス軍の指揮官が貴族であり，戦闘に消極的であった．また，他の敗戦の理由として，亡命貴族が外国軍に味方した事，王妃が亡命貴族と通じていたことなどが挙げられた．

国民から集められた義勇軍が活躍し，山岳派が強くなった

1792年8月，外国軍がフランス国内に侵入したため，国民による義勇軍が組織された．同年9月，ヴァルミーの戦い (Bataille de Valmy) で，オーストリアと同盟を結んで，フランスに侵入したベルリンを首都とするプロイセン軍を破った．義勇兵の多くは，山岳派を支持し，山岳派が勢力を伸ばしていった．

同年9月，議会で多数を占めているジロンド派が，王政の廃止および共和国宣言を採択した．

国王ルイ16世を処刑した

1792年秋，ジロンド派は，国王の裁判に消極的であったが，義勇兵を味方につけた急進的な山岳派が先導し，国王の裁判が行われた．1793年1月，革命フランスは，国王ルイ16世を処刑した．その結果，王党派や周辺諸国との対立が，さらに大きくなった．

第1回対仏大同盟に宣戦布告した

国王が殺されるという事態に至ったフランス革命に危機感を抱いた他国の王が，「第1回対仏大同盟」を結成した．それに対して，反戦派であった山岳派がリードする形で，1793年2月，イギリスとオランダに宣戦布告した．さらに，同年3月，スペインに宣戦布告した．

フランス国内では，革命裁判所や監視委員会が設置された．同年4月，公安委員会が設置された．ジロンド派と山岳派で主張が折り合わず，利害が対立し，告発合戦となった．

主張を通すための恐怖政治（テルール：Terreur）が始まった

1793年6月，王党派を鎮圧した勢いで，山岳派はジロンド派の議員を国民公会から追放し，ロベスピエールが権力を掌握した．

封建的特権の無償廃止，食料不足やインフレ対策としての最高価格令，戦争に勝ち続けるための徴兵制，革命暦の制定などの政策を打ち出した．

同年10月，ジロンド派の議員を処刑した．その後，反革命罪で反対派の多くの人びとを処刑した．ジロンド派をかくまったという理由で，フーリエが捕まった．後に数学に偉大な貢献をするフーリエが処刑寸前の事態となった．

恐怖政治により学問の灯が消えかかった

1791年，王立アカデミーが廃止された．学問の暗黒の時代から学問が花開いた時代を経て，革命によりフランスの学問の壊滅の危機へと発展した．

また，特権階級の聖職者にも攻撃の矛先が向けられた．無神論者，理性主義者が恐怖政治を主導し，キリスト教を弾圧した．1793年，ミサが禁止され，教会が閉鎖され，多くの聖職者たちが処刑された．

1793年，科学アカデミーが廃止された．人間の理性を神に代わる神聖なものとし，神に代わる最高存在を人が考案した．1794年5月，最高存在の祭典を行い，民心の統一を試みた．

さらに旧政府の徴税組合員の弾圧を始めた．近代化学の父と呼ばれたラボアジェは徴税組合員だったという経歴で処刑された．友人の科学者たちの救命運動に対し，革命派は，革命国家は科学者を必要としないと答えた．

海軍の英雄で科学者のボルダ，ラプラス，クーロン，三角測量をしたドゥランブルらがラボアジェの救命活動をしたため，革命政府は，彼らを度量衡委員会から追放した．そして，多くの科学者が殺された．

4.7.4 ナポレオンのフランス革命

数学を好んだナポレオンが誕生した

ナポレオン・ボナパルト (Napoleon Bonaparte, 1769 ～ 1821 年) は, コルシカ島の港町アジャクシオ (Ajaccio) で生まれた. アジャクシオは, 現在, コルス地域圏の首府である.

父のシャルル・マリ・ボナパルト (Carlo Maria Buonaparte) は, 地主の家柄の貴族で, 判事をしていたが, 後に政治家となった. 母のマリア・レティツィア・ボナパルト (Maria Letizia Bonaparte) は, ジェノヴァ共和国の軍人ジョヴァンニ・ジェロニモ・ラモリノ大尉 (Captain Giovanni Geronimo Ramolino) の娘であった. 当時のジェノヴァ共和国は, 現在, イタリアのジェノヴァ(Genova) を中心に存在した.

ナポレオンは, 1779 年にオータン (Autun) のコレージュ(Collège) で少しの間学んだ. オータンは, フランスの東部のブルゴーニュ地域圏ソーヌ・エ・ロワール県にある都市である. コレージュは, フランスの前期中等教育学校であった.

兵学校で数学を学んだ

10 歳の時, 国王給費生となり, ブリエンヌ (Brienne) の陸軍幼年学校 (military academy) に入った. ブリエンヌは, 現在, オーブ県のブリエンヌ・ル・シャトー (Brienne-le-Château) である.

数学で抜群の成績を収め, ラプラスにその数学の才能を認められ, 1784年に, 14 歳で, パリのシャン・ド・マルスの士官学校 (エコール・ミリテール, (École Militaire)) に進学した.

士官学校では数学を学習できる砲兵科を専攻し, 代数, 3 角法, 幾何などを学んだ. 1785 年, 砲兵隊の少尉となった.

ナポレオンは, 急進派のロベスピエールを支持し, フランス軍砲兵隊の指揮官となり, 大尉に昇進した.

トゥーロンに立てこもった王党派

1793年，革命に反対する王党派は，フランスの南東部に位置し，地中海に面するトゥーロン (Toulon) に陣取った．トゥーロンは，フランス海軍の軍港であったから，王党派の勢いが残っていた．

1793年8月，トゥーロンに立てこもった王党派が，イギリス艦隊からの援助の申し出を受け入れた．イギリス艦隊に続いて，スペイン艦隊が王党派の応援に駆けつけ，トゥーロン港をイギリス・スペイン海軍が占領した．

王党派は，イギリス・スペイン艦隊の海からの支援を受けて，革命派と対峙した．海とファロン山 (Le Mont-Faron) などの山に守られたトゥーロンの要塞は堅固であった．

フランス軍が，連合軍のファロン山の要塞を攻撃するが，撃退された．

1793年8月，ジャン・フランソワ・カルトー (Jean Baptiste Francois Carteaux) 将軍が指揮する革命軍は，マルセイユを落とし，西からトゥーロンの奪還に向かった．トゥーロンへの街道の途中のオリウル (Ollioules) 村の戦いで，砲兵隊長ドマルタン大尉が負傷し，ナポレオン大尉が代わりの砲兵隊長として派遣された．

カルトー司令官は，オリウル峡谷に砲台を建設し，トゥーロンの要塞を攻める作戦をたてた．それに対して，ナポレオンは，ラ・セーヌ・シュル・メール (La Seyne-sur-Mer) 岬の先端にあるレギエット (l'Eguillette) とバラギエ (Balaguier) の要塞を奪い，イギリス・スペイン艦隊を砲撃する作戦を提案した．

ナポレオンの作戦は，一応受け入れられたが，作戦に参加した部隊は小規模で，高台の要塞の攻撃に失敗した．イギリス・スペイン連合軍は，ラ・セーヌ・シュル・メールの高台，カイロ (Cairo) の丘にマルグレーヴ砦 (Fort Mulgrave) を築き，守備を強化した．

東からは，革命軍の海兵隊がトゥーロンに迫り，ファロン山の王党派連合軍の要塞を攻めたが，撃退された．

王党派に加わらなかった海軍の水兵が革命軍に加わり，革命フランス陸軍・海軍・海兵隊がトゥーロンを包囲した．

ナポレオン少佐の数学的作戦決行

1793年11月，トゥーロンの攻略戦で革命軍は成果が上げられず，司令官のカルトーはイタリア方面に転任となった．代わって，ドッペ(Doppet)が司令官として着任したが，マルグレーヴ砦の攻略に失敗し，すぐに辞任した．同月，ジャック・フランソワ・デュゴミエ(Jacques François Dugommier)が将軍となった．デュゴミエ将軍は，ナポレオンの作戦を採用した．

大尉としてトゥーロンに赴任したナポレオンは，少佐に昇進していた．高台を奪うトゥーロン作戦を実行に移した．11月末，高台の要塞を砲撃するための砲台を建設し，トゥーロン近郊のラ・セーヌ・シュル・メール岬の高地にあった要塞を次々と落とした．1793年12月，占領した高台に砲台を建設し，敵艦隊めがけて砲撃を開始した．

弾道計算が得意なナポレオンはフランスの英雄となった

港内の敵艦隊は反撃に移り，砲台を艦から砲撃したが，ナポレオンの知力が勝り，イギリス軍が撤退した．勢いに乗った革命軍は，王党派の軍を降伏させた．トゥーロン攻囲戦(Siege of Toulon)と呼ばれたこの戦いの勝利で，ナポレオンはフランスの英雄になり，准将に昇進した．

ナポレオンは，テルミドールの反動で無職になった

1794年夏，山岳派のロベスピエールの恐怖政治の阻止を決意した国民公会の中間派とジャコバン派の一部が，クーデターを起こした．その時の革

命暦の名前から,「テルミドールの反動 (Thermidorian Reaction)」と呼ばれた．このクーデターで，ロベスピエールが失脚し，ロベスピエール派（山岳派）の人たちが粛清された．

政権を取ったグループはテルミドール派と呼ばれた．ナポレオンは，逮捕され，拘留された．しばらくして釈放されたが，無職となった．

テルミドール派の政治とインフレ

テルミドール派は，山岳派の残党とブルジョワジーの一部，王党派の一部など，恐怖政治に反対で一致したいろいろな考えの人びとで構成されていた．「総裁政府」をつくり，輸入自由化，統制価格の撤廃，政教分離，信教の自由等の政策を実行した．「テルミドールの反動」の後，インフレになり，経済は悪化した．

ヴァンデミエールの反乱を鎮圧し，再び英雄となったナポレオン

テルミドール派の中の改革推進派は，国民公会で多数派をとる工作をした．それに対し，1795 年，急激な改革を望まないパリの王党派が中心となって決起し，反乱を起こした．「ヴァンデミエールの反乱」と呼ばれた．

ナポレオンは，国民公会の要請で軍隊に復帰し，騎兵を組織して敵の大砲を奪い，パリの王党派を排除した．その結果，中将に昇進し，国内軍司令官となった．

ナポレオンのイタリア遠征

1796 年，ナポレオンは，貴族の未亡人で，総裁政府総裁バラスの愛人のジョゼフィーヌ・ド・ボアルネと結婚した．ナポレオンは，「イタリア遠征軍最高司令官」に任命された．衣料，食料，弾薬が不足していたが，征服した相手から戦利品や献金を得るという手法で遠征を進めた．

4.7.5　ダランベールが育てたダイナミズムの科学者

＜ラグランジュのフランス革命＞

ナポレオンの数学の師の誕生

　ジョゼフ・ルイ・ラグランジュ(Joseph-Louis Lagrange，1736～1813年) は，イタリアのトリノ（Turin）で生まれた．

　ラグランジュ家はフランス出身で，デカルトと親戚関係にあった．祖父は，砲兵体の大尉で，サルディニア (Sardinia) 王になった．

　父，ジュゼッペ・フランチェスコ・ルドヴィコ・ラグランギア (Giuseppe Francesco Lodovico Lagrangia) は，トリノの主計長官であった．母，テレサ・グロッソ (Teresa Grosso) は，トリノの近くのカンビアーノ (Cambiano) の医者の子どもであった．

　裕福な家系であったが，父が賭けや投機で失敗し，財産を失った．ラグランジュは，裕福なままであったら，数学に献身していなかったであろうと，後日振り返ったという話は有名である．

イタリアの大学に通い，数学を独学で研究した

　ラグランジュは，父親の希望もあり，トリノ大学 (College of Turin) で法学を学んだ．そこで，ラテン語に興味を持ち，勉強した．17歳までは，数学に特別な興味はなかった．

　ハレー彗星で有名なエドモンド・ハレー (Edmond Halley) の本 (1693年に書かれた) を読んで数学と天文学の関係を知り，数学に興味を持った．その後，数学は本により独習でマスターした．

　彼は，2項定理と2つの関数の積の逐次微分を検討した．1754年7月，その結果を楕円関数で有名なジュリオ・カルロ・ファニャーノ (Guilio Carlo Fagnano) に手紙で書いた．1ヵ月後，出版したが，その内容は過去にベルヌーイとライプニッツの文通で取り上げられていたことが分かった．

変分法 (Calculus of variations) を用いた等時曲線，等時問題 (problem of tautochrone)，等周問題 (isoperimetrical problem) について研究した．1755 年 8 月，ベルリンにいたオイラーに結果を送った．

イタリア・フランス・ドイツで活躍した

ラグランジュは，1755 年にトリノの砲兵学校 (École Militaire) の数学教授となり，トリノ科学アカデミーを創始した．1759 年，トリノ科学アカデミーの第 1 号の紀要 (Mélanges de Turin) に 3 つの論文を寄稿した．そこで，変分法や微積分の確率論への応用，振動する弦について書いた．

オイラーやダランベールは，ラグランジュの論文を高く評価した．1759 年，オイラーの推薦で，ベルリン科学アカデミーの外国人準会員となった．

1764 年，フランスの科学アカデミーは，月が同じ面を地球に向けて回転している理由に関する懸賞つきの問題を出した．彼も懸賞に応募し，2 度，大賞を受賞した．

ベルリンでの業績

1766 年，オイラーの後任でベルリン科学アカデミーの数学主任となり，その後，部長に任命された．

1767 年,『数値方程式の解法についての試論』 "Traité de la résolution des équations numériques de tous les degrés" を発表した．

1767 年，従妹のヴィットーリア・コンティ(Vittoria Conti) と結婚した．

1771 年,『方程式の代数的解法に関する省察』 "Réflexions sur la résolution algébrique des équations" を発表した．

1772 年，太陽と月と地球の重力相互作用について書いた『三体問題に関するエッセイ』 "Essai sur le probleme des trois corps" が，3 度めの大賞を受賞した．1772 年，フランスの科学アカデミーの会員となった．さらに 1776 年，ペテルブルグ科学アカデミーの外国会員となった．1786 年，学

問に理解があったフリードリヒ大王が死去し，ベルリンを離れることを考えた．

革命前夜のフランスに移住した

1787年，フランスの科学アカデミーからの誘いを受け，パリに移った．

1788年，『解析力学』"*Mécanique analytique*" を出版した．ニュートンの静力学とそれから発展した動力学について述べた．

1789年，フランス革命が勃発した．1790年，フランスの科学アカデミーの度量衡委員会のメンバーに選ばれた．1792年，ラプラス，アドリアン・マリ・ルジャンドル (Adrien-Marie Legendre) らと共にメートル法を完成させた．同年，ルネ・フランソワーズ・アデライド・ルモニエ (Renee-Francoise-Adelaide Le Monnier) と2度目の結婚をした．2度の結婚をしたが，子どもはいなかった．

ラグランジュは，恐怖政治を乗り越え，学問の復旧に貢献した

1793年，恐怖政治でルイ16世が処刑され，諸外国と共にサルディニア王国も反革命側となった．1793年9月，敵国生まれの外国人を逮捕し，財産を没収することが決まったが，ラグランジュは，例外として，滞在を認められた．

1795年，エコール・ノルマル・シュペリュールの教授となった．フーリエが，ラグランジュの講義を受けた．1797年，パリのエコール・ポリテクニクの教授となった．同年，『解析関数の理論』"*Theorie des fonctions analytiques*" を出版した．無限小を使わずに，級数展開から微分を説明した．

微分に，$f'(x)$, $f''(x)$, $f'''(x)$ という形式のプライム記号を用いた記法を用い，導関数という言葉を使った．

1813年，他界した．1815年，『解析力学』第2巻が刊行された．

＜ピエール・シモン・ラプラスのフランス革命＞
農家生まれの数学者

ピエール・シモン・ラプラス (Pierre-Simon Laplace, 1749 〜 1827 年) は，ノルマンディーのカルヴァドス県の中央部に位置する酪農産業が盛んな地域，ボーモン・タン・オージュ (Beaumont en Auge) で生まれた．

父のピエール・ラプラス (Pierre Laplace) は，リンゴ酒など酒類関係の仕事をしていた．母のマリー・アン・ソション (Marie-Anne Sochon) は裕福な農家の出身であった．

ボーモン・タン・オージュにあるベネディクト会の学校 (Benedictine priory) で学んだ．そこの学生の夢は，牧師か軍人になることであった．当時のラプラスは，牧師になることを望んでいた．

16才の時，神学を学び，聖職につくためにカーン大学 (Caen University) に入った．語学や文学，芸術，数学，天文学を学んだ．

ダランベールに認められ，砲兵隊の数学力向上に貢献した

18歳の時，大学の数学の教師のピエール・レ・カヌー (Pierre Le Canu) に，ダランベールへの紹介状を書いてもらい，パリへ出た．

ダランベールに数学の論文を提出し，それが認められて，ダランベールの紹介で，パリのシャンドマルスの士官学校 (École Militaire) の数学の教授となった．そこで，ナポレオンの試験担当をし，ナポレオンとの出会いがあった．

数学の研究を行い，パスカルの確率論を発展させた

1771 年，積分計算に関する論文を『新学術論叢』"*Nova acta eruditorum*" に投稿した．微分方程式に関する研究をし，トリノ科学アカデミーの紀要 (Mélanges de Turin) に " *Recherches sur le calcul intégral aux différences infiniment petites, et aux différences finies* " を投稿した．その中で，力学や天文物理学で使われる重要な式を発表した．

1773年，24歳の時，フランスの科学アカデミーの準会員となった．

1774年，最初の確率に関する論文，『出来事により原因となる確率について』*"Memoire sur la probabilite des causes par les evenements"* を科学アカデミーの紀要に発表した．ある試行の後に，次に起こる確率がどうなるかについて述べた．

1784年，ラプラスは，『惑星の楕円軌道の理論』*"Téorie du Mouvement et de la figure elliptique des planètes"* を発表した．

ニュートンの科学思考をさらに進めた

1785年，フランスの科学アカデミー会員となった．

1786年，『宇宙体系解説』*"Exposition du systéme du monde"* を書いた．天文学の研究結果を一般の人に向けて，数式なしで説明を試みた．

ニュートン力学を完成させることを自分の仕事にしようと思い，摂動理論を用いて改良した．当時，木星の軌道が縮まり，土星の軌道が拡大しているように観測されたが，実際は，惑星全体の動きに変化がないことを証明した．

また，ニュートンは太陽系の周期性に神の関与を考えていたが，ラプラスは，科学的な説明を試みた．

ダランベールのダイナミズムを完成させた

イマヌエル・カント (Immanuel Kant) は，『天界の一般的自然史と理論』*"Allgemeine Naturgeschichte und Theorie des Himmels"*(1755年) で，回転するガスの雲から太陽系ができたとする星雲仮説を考案し，発表した．一方，ラプラスは，混沌の状態にある原始星雲が最初にあり，そこから世界が形成されていくと考えた．原始星雲が回転している初期状態にあり，

冷却過程で引力と遠心力によって太陽系が形成されるという，太陽系の惑星（や地球）の自転や公転を説明する理論を考えた．

両者の説は似ているところがあるので，カント-ラプラス星雲仮説 (Kant-Laplace hypothesis) と呼ばれている．

二階線形の偏微分方程式を用いて，動力学的に自然現象を説明した．その方程式は，ラプラス方程式 (Laplace's equation) と呼ばれた．その方程式を簡単に記述するために，後にラプラスの演算子とかラプラシアン (Laplace operator or Laplacian) と呼ばれる記号を用いた．すべての事柄が，改良されたニュートン力学で説明できるという，フランスのダイナミズムが完成されていった．

ブルジョワジーのフランス革命で度量衡委員となった

1788年，マリー・シャルロット・ド・コーティ・ド・ロマンジュと結婚した．1790年，科学アカデミーの度量衡委員会 (Committee of the Academie des Sciences to standardise weights and measures) のメンバーとなった．子午線によるメートル法を国民議会に提案した．

山岳派のフランス革命で，パリからいったん逃れた

1793年，ラプラスは友人のラボアジェの救命活動したため，フランスの科学アカデミーから追放された．1793年，家族とパリを離れ，メラン (Meylan) に移った．

恐怖政治が終わり学問が復興した

1795年，テルミドール体制で，経度局 (Burean des longitudes) が新設され，その職員となった．

1795年，エコール・ノルマル・シュペリュール（高等師範学校）の教授となり，確率に関する講義をした．

1796年，天文学の研究結果を一般の人に向けて，数式なしで説明を試みた『宇宙体系解説』"Exposition du systeme du monde" を出版した．

エジプト遠征とその後

1799年から1825年にかけて，『天体力学論』"Traité de mécanique céleste" を出版した．天体力学という言葉を初めて使い，ニュートン以来の天体力学の重要な理論を紹介し，説明した5巻の大作であった．

1812年，『確率の解析的理論』"Théorie Analytique des Probabilites" を出版した．

フランスの科学アカデミーの紀要 (Memoires de l'academie des sciences, 1779年) で発表した母函数の理論ときわめて大きな数の函数である式の近似法の理論が第1編で述べられ，第2編では，確率の一般理論として応用が述べられた．当時の確率論をまとめて解説し，加えて，ラプラス変換を示した [1].

「有限から無限小への移項で無視される量によって無限小解析から幾何学的結果の厳密性が失われるように見える」という点に関して明らかにし，解説したものである．

変数を1つ持った母函数

母函数算法 (Calcul des fonctions génératrices) がラプラスの確率理論の基礎である．母函数は，生成関数とも訳されている．y_x を x の任意の函数とする無限級数

$$f(t) = y_0 + y_1 t + y_2 t^2 + \cdots + y_x t^x + y_{x+1} t^{x+1} + \cdots + y_\infty t^\infty$$

は，t の函数であり，y_x の母函数と呼ばれる．

1本の水平な直線の上に配置されている項の列を考える．ある項は，前の項から一定の法則で生成される．その順序は，指数が表す順序数となる．

ラプラスは，この方程式を単一指数の有限差分 (indice variable) 方程式と呼んだ．

変数を 2 つ持った母函数

ラプラスは，次のような変数を 2 つ持つ母関数について詳しく説明した．

$$f(t,t') = y_{0,0} + y_{1,0}t + y_{2,0}t^2 + \cdots + y_{x,0}t^x + \cdots + y_{\infty,0}t^\infty$$
$$+ y_{0,1}t' + y_{1,1}tt' + y_{2,1}t^2t' + \cdots + y_{x,1}t^xt' + \cdots + y_{\infty,1}t^\infty t'$$
$$+ y_{0,2}t'^2 + y_{1,2}tt'^2 + y_{2,2}t^2t'^2 + \cdots + y_{x,2}t^xt'^2 + \cdots + y_{\infty,2}t^\infty t'^2 + \cdots$$

多変数を持った母函数

さらに彼は，ポテンシャル論，熱伝導論，静電気学，流体動力学の諸問題に関する方程式を研究した．

ラプラスの悪魔 (Laplace's demon) は，物理学で未来の決定性を論じる時の超越的存在を指す．「全世界の原子の位置と運動量を知ることができれば，その後の世界は，これらの原子の連立運動方程式の解として未来永劫まで記述できるはずだ」と述べ，唯物論や人間機械論を展開した．

彼は 1814 年に『確率の哲学的試論』"*Essai philosophique sur les probabilités*" を出版した．これは，エコール・ノルマルでした講義（1795 年）を発展させ，『確率の解析的理論』を解析学や数式を用いずに解説したものである．

その中でライプニッツの説を紹介し，「宇宙の現状はその以前の状態の結果であり，ひきつづいて起こるものの原因であるとみなさなければならない」と因果論を展開した [13]．

そして，旱魃や豪雨，日食や月食などの天変地異が天の怒りであるとする迷信を否定した．

＜ガスパール・モンジュのフランス革命＞

　ガスパール・モンジュ(Gaspard Monge, 1746 ～ 1818 年)は，フランス東部の，ブルゴーニュ・ワインの産地として世界的に有名なブルゴーニュ地域圏，コート・ドール県のボーヌ(Beaune)で生まれた．
　父のジャック・モンジュ(Jacques Monge)は，南フランスのオート・サヴォワ県出身の商人であり，刃物砥ぎの行商をしていた．母のジャンヌ(Jeanne Rousseaux)は，土地の人であった．

オラトリオ会の高校で学んだ

　モンジュは，ボーヌのオラトリオ会の学校に行った．その後，リヨン(Lyons)のコレージュ・ド・ラ・トリニテ(Collége de la Trinitè)で学んだ．そこで，学生でありながら，物理を教えた．
　その学校は，1519 年，教会参事会員の学校として創立された．1565 年から 1762 年までは，イエズス会が経営し，1792 年までは，オラトリオ会が運営した．フランス革命期には，国民公会(Convention nationale)の軍隊が占拠した．皇帝の高校，王立高校，リヨン高校などと名前を変えた．1888 年，電気で有名なアンペールの名にちなんでアンペール高校(lycée Ampère)となった．

工兵学校の教授になった

　1765 年，メジエール工兵学校(Ecole royale du genie de Mezieres)の副校長の推薦で，築城術の製図担当の技術兵となった．画法幾何学を考案し，要塞の製図に成功した．その功績により，1769 年，メジエール工兵学校の数学の助手となった．
　メジエール工兵学校は 1748 年設立で，ヨーロッパで最も高いレベルの技術学校の一つであった．1771 年，物理学の教師となった．1772 年，フランスの科学アカデミーの準会員に選ばれた．1774 年，カトリーヌ (Catherine

Huart) と結婚した．1780 年，パリ大学で水力学を教え，科学や海軍学校の改革の仕事をした．

モンジュのフランス革命

1792 年，革命が起こり海軍大臣となった．1793 年，フランスの科学アカデミーとパリ大学が閉鎖された．軍事委員会に加わり，大砲などの兵器の製造に携わった．土木技師や軍事技師が必要になり，彼らを養成する国立学校の設立計画を立てた．

モンジュは 1794 年，エコール・ノルマル・シュペリュールの教授となり，1795 年，エコール・ポリテクニクの校長となった．

ナポレオンのエジプト遠征

1796 年，ナポレオンとイタリアへ行き，1798 年，ナポレオンのエジプト遠征に加わった．エジプト協会 (Institute d'Egypte) の会長となり，同年，伯爵に叙せられた．

1799 年，軍事機密であった『画法幾何学』"*Geometrie descriptive*"を出版し，画法幾何学の創始者となった．1804 年，『解析学の幾何学への応用』"*Application de l'analyse a la geomerie*"を出版した．1806 年，元老院議長となった．

追放に

1815 年ナポレオンはエルバ島を脱出，パリに戻った．モンジュはナポレオンに味方したが，ナポレオンは，ワーテルローでイギリス・オランダ・プロイセン連合軍に敗れた．モンジュはパリを脱出した．

1816 年にパリに戻ったが，大学を追放され，政治的迫害を受けた．1818 年，死亡した．

4.7.6 時空を超えたフーリエ

＜フーリエのフランス革命＞

仕立て屋の子，フーリエの誕生

ジャン・バティスト・ジョゼフ・フーリエ (Jean Baptiste Joseph Fourier, 1768～1830年)は，現在のフランスのブルゴーニュ地域圏のヨンヌ県のオセール (Auxerre) で生まれた．父のジョゼフは，仕立て屋の親方であった．再婚した母，エドミ (Edmee) との12人兄弟の9番目の子であった．

9歳の時に母が亡くなり，翌年，父が他界し，孤児になった．カトリック教会最古の修道会であるベネディクト会の修道士に育てられた．

修道院と陸軍学校と数学

大聖堂 (Auxerre Cathedral) の音楽家ジョセフ・パレ (Joseph Pallais) が運営していた学校 (Pallais's school) で学んだ．中世のフランスでは，大聖堂が聖堂学校として使われた．そこでは，自由学芸 (septem artes liberales) の四科 (quadrivium)；算術 (arithmetica)，幾何学 (geometrica)，音楽 (musica)，天文学 (astronomia)) 等が教えられた．フーリエは学校で熱心に勉強し，ラテン語やフランス語を習得した．

1780年12歳の時，砲兵隊員か技師になるためにオセールにあったベネディクト派の士官学校（幼年学校）(École Royale Militaire) に入学した．

ベズーの兵隊のための数学の教科書を1人でマスターした

1781年，13歳で数学に興味を持ち，勉強を始めた．1782年，フーリエは14歳でエティエンヌ・ベズー (Étienne Bézout) の『数学教程』6巻をマスターした．

ベズーは，士官学校や砲兵学校の試験官をし，1764～1767年，4巻の数学の教科書，『パビリオンの警護兵と海兵のための数学完全教程』 "Cours de *mathematiques a l'usage des gardes du pavillon et de la marine* "を出版した. さらにベズーは，1770〜1782年，6巻の『海兵と砲兵のための数学完全教程』"*Cours complet de mathematiques a l'usage de marine et de l'artillerie*" を出版した.

15歳で受賞し，その後修道院で僧になる勉強をした

フーリエは1783年，フランスの数学者チャールズ・ボッシュ(Charles Bossut)神父の理論『普遍力学』"*Mechanique en general*"(1792出版)について研究し，修辞学と数学の賞を得た．その後，パリで修辞学と哲学を学んだ．砲兵隊か工兵隊の士官になることを望んだが，身分が低いためになれなかった．1785年，オセールに戻り，兵学校の数学の助手をした.

1787年，サン・ベノワ・シュル・ロアール修道院(St Benoit-sur-Loire；聖ベネディクト修道院)に入って修練士となり，修行を始めた．牧師になる勉強をしながら，オセールの陸軍学校の数学の教授，ボナール(C L Bonard)と交流し，数学を学んだ．そして，他の修練士に数学を教えた．

僧になるべきか迷った

第三身分の人にとって，当時の立身出世は，僧になるか兵士になるかであった．このまま進めば，フーリエは，僧という確かな身分が保障されていた．新しい文学や数学を学んだフーリエは進路を迷っていた.

21歳になった時，自分と同年代で活躍したニュートンやパスカルに思いを巡らした．1789年，僧院に入る前に，『方程式を定める解析』"*Analyse des équations déterminées*" を発表するためにパリへ行った．

フランス革命前は，王権は神から与えられたとする王権神授説を唱えた王が統治する君主制であった．第一身分の上級聖職者，第二身分の貴族，そして第三身分の残りの人びとに分けられていた．第三身分の下級僧は，幸せな暮らしができたが，当時は，学問を究められる環境ではなかった.

フーリエは身分制度を崩壊させるフランス革命と出会った

1789年7月，パリ市の民衆がバスティーユ牢獄を襲撃し，フランス革命が始まった．1789年8月，国民立憲議会で主権在民の人権宣言が採択された．

僧となる宗教生活か数学の研究者か，どちらの方向に進むべきか迷いながらパリに着いたフーリエは，革命を目のあたりにし，政治に興味をひかれた．革命のスローガンは，自由，平等，博愛であり，それが成功すれば，身分に関係なく数学を勉強できるようになるのではと期待した．

論文を発表し，教職に就いた

1789年12月，フランスの科学アカデミーに代数方程式に関した論文を提出し，発表した．革命で多くの教授が追放され，教職の席が空いた．友人の推薦もあり，1790年，彼が卒業したオセールの士官学校 (École royale militaire) の数学の講師になった．

革命の当初は，学問に理解がある人びとが革命政府を主導し，学問の普及が国家を安定に導き，繁栄させることを知っていた．また，軍隊にとって，数学が重要であることも理解していた．

例えば，貴族階級から，革命に参加したジャン・シャルル・ド・ボルダ (Jean-Charles de Borda) は，学問の重要性を認識していた．彼は，工兵隊 (Military engineer) に入隊し，近衛軽騎兵隊の経験を持ち，1756年に『弾道についての覚書』"Memoire sur le mouvement des projectiles" を執筆した．工兵は，陣地や道路，橋の建設，測量や地図の作成などの任務があり，多方面の技術が必要とされた．

＜複合革命論＞

フランス複合革命論

　フランス革命は，複合的な革命であるという説がある [15]．王族による革命，貴族による革命，アリストクラートによる革命 (aristcratic revolution)，ブルジョワジー (bourgeoisie) による革命，都市民衆による革命，農民による革命が，時系列で複合して起こったという複合革命論である．アリストクラート (aristocrat) とは，貴族と貴族に準ずるブルジョワジーなど特権階級 (aristocracy) の人をいう．

ルイ 14 世は，宰相を廃し，王権を強化しようとした

　ルイ 14 世は，宰相制を廃止し親政を行い，中間身分の集団の伝統的な権利を制限した．売官制の貴族を監視するために直轄官僚の「地方監察官」を派遣した．

　1680 年，財務総監のコルベール (Jean-Baptiste Colbert) は中央統制を強化した．また，課税を免除された特権階級の貴族への課税を行った．1685 年，政策に反対するプロテスタントやジャンセニストを迫害した．

オルレアン公が遺言を無視して摂政になった

　1715 年，即位したルイ 15 世は 5 歳であったので，ルイ 14 世の甥のオルレアン公フィリップ 2 世が伯父の遺言を無視して，強引に摂政となった．パリ高等法院やジャンセニストは，オルレアン公を支持した．フィリップ 2 世は，パレ・ロワイヤルで政治を行い，帯剣貴族を国政に登用した．

　帯剣貴族中心の政府は失政を犯し，財政難となり，スコットランド人のジョン・ローを財務総監に採用した．彼は，財務総監のコルベールの政策を批判していた．1716 年，ローは個人で一般銀行 (Banque générale privée) を

設立した．1718 年にその銀行を政府が獲得し，フランス王立銀行 (Banque Royale) となった．

ジョン・ローは，ルイ 14 世の時代から積もりに積もった赤字を解消するために，不換紙幣を発行し，北アメリカのフランスの植民地のミシシッピ会社の株を発行した．

一時的に，株価が上がり，成功したかに思えたが，1720 年，インフレとバブルの崩壊で，国の財政が破綻した．

フランス王立銀行は，後にフランス銀行 (バンク・ド・フランス (Banque de France)) となった．

成人したルイ 15 世が親政を行った

1723 年，ルイ 15 世が摂政を廃止し，腹心のブルボン公ルイ・アンリやフルーリー枢機卿が政治を行った．その後，ルイ 15 世が成人し，直接政治を行ったが，オーストリア継承戦争 (1740〜1748 年)，七年戦争，インドにおける植民地争奪戦などの戦費で，財政が悪化していった．

財務総監の財政立て直しに特権階級が反発した

ルイ 16 世は，アメリカの独立戦争に介入し，多額の戦費を使った．1774 年に財務総監になったテュルゴー (Anne-Robert-Jacques Turgot) は，富の源泉は農業であるとする重農主義者 (physiocracy) で，商業を国家的に重要視する重商主義を批判した．財政改革の目的で，ギルドの廃止などを行おうとしたが，特権階級が猛反発した．

1776 年に財務総監になったネッケル (Jacques Necker) は，支出を減らそうと，宮廷費の削減や貴族への年金の停止を提案したが，宮廷や貴族の反発を受け失脚した．ネッケルは，スイスの生まれで，パリで成功した銀行家であり，第三身分のブルジョワであった．彼は，テュルゴーの政策を痛烈に批判した．

1783年に財務総監になったカロンヌ (Charles Alexandre de Calonne) は，聖職者や貴族に課税を行おうとしたが，猛反発を受け失脚した．

免税特権廃止の引き換え条件が革命の引き金となった

1788年，ネッケルが再び財務総監になり，免税特権の廃止を提案し，引き換えに三部会の召集を承認した．

三部会の召集が引き金となり，1788年の夏から始まった高等法院の反抗は「アリストクラートによるフランス革命」といわれている．しかし，その対立は，パスカルが活躍したルイ13世の頃から続いてきた．

フランス革命の時の王妃

革命前のフランスの国王は，ルイ16世であり，王妃は，マリー・アントワネット・ジョゼファ・ジャンヌ・ドゥ・ロレーヌ・ドートゥリシュ(Marie Antoinette Josepha Jeanne de Lorraine d'Autriche) であった．マリー・アントワネットは，ハプスブルク家の出身で，父は神聖ローマ皇帝フランツ1世シュテファン (Franz I. Franz Stephan von Lothringen) であった．母のマリア・テレジア (Maria Theresia von Osterreich) は，神聖ローマ皇后，オーストリア大公，ハンガリー女王，ボヘミア女王を兼ねていた．

マリー・アントワネットは，身分が高い家柄の生まれであり，第三身分への共感はなかった．1793年，ルイ16世に続いて処刑されたが，貴族としての誇りを最後まで持ち続けた．

〈王族によるフランス革命〉

　王妃と敵対したオルレアン公ルイ・フィリップ2世は，フランスの貴族，オルレアン公ルイ・フィリップ1世の子である．母は，コンティ公ルイ・アルマン2世の娘ルイーズ・アンリエット・ド・ブルボン・コンティである．
　ルイ14世の孫のルイーズ・マリー・ド・ブルボン・パンティエーヴルと結婚した．格式が高い公爵家のオルレアン公は，王位継承権を持つ王族でもあった．

オルレアン公の宮殿から革命が始まった

　オルレアン公は，王族の立場から革命を主導した．民衆は彼の宮殿，パレ・ロワイヤル (Palais Royal) に集まって，バスティーユ牢獄を襲撃した．その宮殿は，ルイ13世の時の宰相リシュリューが住居として建てて使用していたもので，後にルイ14世が王宮として使用したので，パレ・ロワイヤルと呼ばれた．その後，ルイ14世の弟のオルレアン公フィリップ1世がそこに住んだ．
　ルイ・フィリップ2世は，次期国王候補であったが，ルイ16世やマリー・アントワネットと敵対し，ルイ16世の処刑に賛成した．その後，立憲君主派のフイヤン・クラブの勢力が低下し，1793年3月，ルイ・フィリップ2世は，外国との戦いで劣勢となったジロンド派から告発され幽閉された．
　この頃から，ジロンド派と山岳派の悲惨な抗争が激化した．外国勢との戦いを有利に導いた国民軍の支持を得て，山岳派が勢力を伸ばした．
　1793年6月，ジロンド派の議員が捕らえられ，フランス革命は，第1段階のアリストクラートによるフランス革命から第2段階の恐怖政治へと突き進んだ．
　1793年11月，ルイ・フィリップ2世は処刑された．しかし，恐怖政治の嵐が去った後に王政復古を経て，彼の子どもが立憲君主制下の新たな役割を担う国王となった．

〈革命を応援した貴族によるフランス革命〉

ラファイエット侯爵（マリー・ジョゼフ・ポール・イヴ・ロシュ・ジルベール・デュ・モティエ・ラファイエット (Marie-Joseph Paul Yves Roch Gilbert du Motier, Marquis de La Fayette, 1757〜1834年)) は，フランスの貴族の家系に生まれた．父は軍人であり，彼が2歳の時に戦死した．

アメリカ独立戦争の英雄となった

1776年，ラファイエットはアメリカの独立戦争に共感し，自費で，義勇兵としてアメリカを応援した．1781年，イギリス軍の最後の拠点をアメリカとフランスの連合軍が攻略した「ヨークタウンの戦い」で活躍し，アメリカ独立戦争の勝利に貢献した．1782年，フランスに帰国した．

ラファイエットは，三部会に選ばれた

14世紀に始まった三部会 (Etats-Genéraux) は，第一身分聖職者と第二身分の貴族と，特権を持たない第三身分の人から構成された．1789年，ラファイエットは，三部会に第二身分代表として選出された．フランスの絶対王政を立憲君主制に変革すべきだという意見であった．1789年5月，三部会は議論が紛糾し，その幕を閉じた．

1789年6月，第三身分が国民議会を組織した．ラファイエットは，フランスがアメリカのように，議会政治の国となることを望んでいたので，第三身分の国民議会を応援した．

1789年7月，国民議会は，立憲議会 (Assemblée nationale costituante) と改称し，憲法が制定される1791年まで続いた．

ラファイエットは，国民軍司令官となり，フランス人権宣言の起草に取り掛かった．1789年8月，立憲君主派の主導で，国民立憲議会で「人は生まれながらにして自由であり，平等である」という主権在民の「人権宣言」

が採択された．法の前の平等と国民主権が認められたこの段階で，革命が成功したという見方もある．

国王逮捕とラファイエットの亡命

　国王は「人権宣言」を承認することを拒否した．それが7月のバスチーユ監獄の襲撃，10月のベルサイユへの行進に繋がった．
　1790年，立憲君主派は，ジャコバン・クラブから独立し，1791年，ジャコバン・クラブから独立した国王擁護派と組んでフイヤン派を結成した．
　1791年，自由主義貴族が主導して，憲法体制がつくられた．しかし，選挙権は有産者に限られたものであった．1791年，6月に王家がテュイルリ宮を抜け出して，国外亡命を図ったが失敗し，パリに連れ戻された．国王の亡命の失敗で，フイヤン派は苦境に立った．
　1792年8月，王権が停止され，ラファイエットは司令官の職を解任され，オーストリアに亡命した．

タレーランの亡命

　聖職者であったタレーランは，キリスト教の神学中心の体系から，闇を照らす光として人間の理性を重視する啓蒙思想 (Enlightenment) に立ち，公的な教育に力を入れた．
　1792年4月，オーストリアとフランス革命戦争 (French revolutionary wars) が勃発した．タレーランはイギリスとの戦争を回避する交渉のためにイギリスに渡った．
　九月虐殺で，反革命の容疑者が大勢虐殺された．多くの聖職者が含まれていた．タレーランは，イギリスで亡命し，1794年アメリカに渡った．革命派の亡命貴族は，「革命は自由の妨害物になり下がった」と非難した．
　1796年に帰国し，総裁政府の外務大臣となった．スタール夫人のサロンが，彼らの動向に大きな影響を与えた．

〈第三身分のブルジョワジーによるフランス革命〉

第三身分は，上層，中層，下層市民と農民，職人等に分かれていた．全国三部会の第三身分の代表には，裕福な市民や地主がなった．革命前では，彼らは知的活動を行う環境になく，数学への貢献も考えられなかった．

1788年夏の天候不順で凶作となり，農作物の収穫が激減し，価格が高騰した．商人の買占めが，パンなど食品や生活用品の値上げに拍車をかけた．各地で食べものを求めた暴動が頻発した．

商工業者などの上層，中層の市民からなるブルジョワジーに支持された共和派（ジロンド派）は，王政打倒を主張した．フランス南西部に位置するジロンド県 (Gironde) 出身者が多かったので，ジロンド派と呼ばれた．

1791年10月，革命の目標が憲法制定から法整備に変わり，立憲議会を廃止し，立法議会 (Assemblée Nationale Législative) が成立した．

対外戦争の敗戦などで国民の不満がたまり，その不満は国王に向けられた．1792年8月，パリ市民が蜂起し，国王一家を幽閉し，王権が停止した．

ジロンド派が多数を占める国民公会が設立された

1792年9月，立法議会を解散し，国民公会 (Convention Nationale) が招集された．ジロンド派 (Girondist) は，1792年9月から1793年5月まで，国民公会で多数を占め政権を握った．

ジロンド派は，ロラン夫人 (Madame Roland) のサロンに集まった．ロラン夫人は，中流のブルジョワ出身で，後に内務大臣となったジャン・マリー・ロラン (Jean-Marie Roland) と結婚するが，貴族としては受け入れられなかった．

ジロンド派の指導者，ジャック・ピエール・ブリッソー (Jacques Pierre Brissot) は，パリ近郊のシャルトルで生まれた．父は宿屋の経営者であった．

革命によって，農民や商工業者から有名な数学者が輩出した．

＜フーリエのフランス革命＞

革命を喜んだ

　フランス革命は，ブルジョワジーに商業の自由と所有権の確保をもたらした．1793年，フーリエは，オセールの革命委員会の委員長となった．
　フーリエは，革命の成果として「平等の自然な考えとして，王と僧侶からの義務を免除され，ヨーロッパの長きに渡って搾取されたこの2重の隷属からの自由な政府の崇高な望みを思い浮かべることが出来る．いかなる民族も経験しなかったもっとも偉大で最も美しいことである」と感じていた．

ジロンド派の衰退がフーリエの危機を招いた

　国外に亡命した王家の一族は，諸外国と組んで，反攻の機会を狙っていた．ジロンド派は，外国と交戦することを決めた．しかし，残留した貴族が指揮するフランス軍の敗退が続き，戦況は悪化した．
　外国軍の侵入に対し，国民を総動員したフランス軍が結成され，その支持を得たロベスピエールが戦争の指揮を執ることになった．

恐怖政治の火の粉がフーリエに降りかかった

　1793年6月から，山岳派が国民公会で権力を握った．ロベスピエールは，サン・キュロットの支持を得て恐怖政治を行い，元は革命の同志であった反対派をギロチン台に送った．革命指導者のオルレアン公は，ルイ16世に代わって王になろうとした容疑で処刑された．
　1794年，フーリエは，恐怖政治の被害者をかばい，オルレアン公の事件に関係した容疑で公安委員会に逮捕された．ロワレ県に送られ，牢獄に入れられて，士官学校の数学の講師をやめざるを得なくなった．
　フーリエは，革命で自由な政府ができ，学問の道を進むことができたことを喜んだが，一転して，命を奪われる立場となった．

ロベスピエールが散る

1794年,反ロベスピエールのテルミドールのクーデターが成功し,ロベスピエールが処刑された.政権が変わり,ブルジョワジー主体の総裁政府ができた.総裁政府は1799年11月まで続いた.

ロベスピエールの革命フランスに逮捕され,死を覚悟したフーリエは,クーデターの成功で自由の身となった.

一方,ロベスピエールに従ったナポレオンは,軍人を解任され,無職となった.

フランス革命は,利害や意見を異にする党派間の抗争で混乱し,多くの犠牲があった.この時,革命は2度目の転換点を迎えた.フーリエは,それらの事件の後,いったんオセールに戻った.

高等専門学校が発足し,フランスは学問壊滅の危機から救われた

恐怖政治で多くの科学者が亡命したり処刑されたりしたため,フランスの科学は壊滅の危機に面していた.革命政府は,学問の復興,指導者の要請のため学校を設立した.

1794年に国の再建を目指した国民公会は,教員養成を目的としてエコール・ノルマル・シュペリュール (École normale supérieure) を設立した.その高等師範学校は,グランゼコール(エリート養成の高等専門学校)の1つであった.

1794年,フーリエはパリのエコール・ノルマル・シュペリュールの第1回の聴講生となった.フーリエは,ラグランジュやモンジュ,ラプラス等の講義を受けた.

数学の教師となった

1795年,フーリエはモンジュの推薦で,1794年に設立されたパリの中央公共事業学校 (École centrale des travaux publiques) の教員となり,数

学を教えた．

　1795 年，山岳派の残党の反撃があり，再び逮捕され，牢獄に入れられた．恐怖政治の時とは違い，教員をしている立場を説明し，学校の同僚の助けもあり，釈放された．その後，フーリエは，ラグランジュやモンジュ，ラプラスとの交流を深めた．

　1796 年，中央公共事業学校が，エコール・ポリテクニク（高等理工科学校：École polytechnique）となり，助講師となった．エコール・ポリテクニクは，理工学系のグランゼコールの一つで，パリ郊外のパレゾーに位置した．現在，国防省が管轄する，創立が 1794 年のエリート養成学校として知られる．

　1796 年，フーリエは代数方程式の実数解の個数に関するフーリエの定理を証明した．1797 年，ラグランジュの後任の教授となった．エジプト遠征に参加する 1798 年まで教授を続けた．

赤と黒の時代

　マリ・アンリ・ベール（Marie Henri Beyle, 1783 〜 1842 年）は，フランスのグルノーブル（Grenoble）で生まれた．父は，グルノーブル高等法院の弁護士で王党派であった．母は，7 歳の時亡くなった．

　叔母に育てられ，イエズス会の僧侶から教育を受けた．1799 年，グルノーブルの中央学校に入学した．1800 年，ナポレオンの軍隊に入り，イタリア，ドイツ，ロシアで戦った．1817 年，旅行記を書いた．

　彼は，有名な小説家となり，ペンネームはスタンダール（Stendhal）とした．1830 年，有名な長編小説『赤と黒』を書いた．副題は，『十九世紀年代記』で，赤は軍人，黒は聖職者を表している．

＜ナポレオンのエジプト遠征＞

ナポレオンのエジプト遠征以前の地中海の情勢

　1793 年のフランス革命を発端に，イギリスが中心となって，フランスの周辺各国が第 1 回対仏大同盟を結んだ．ホレーショ・ネルソン (Horatio Nelson, 1758 〜 1805 年) は，戦列艦アガメムノン (HMS Agamemnon) の艦長となり，地中海艦隊に加わり，フランスと戦った．

　アガメムノンは，アメリカ独立戦争 (American war of independence) の時に造られ，64 門の大砲を搭載していた．戦艦が縦 1 列に並び，大砲を一斉に撃つ単縦陣用の戦艦で，戦列艦 (ship of the line) と呼ばれた．

　1794 年，イギリス艦隊は地中海を支配しようと，ナポレオンが出たフランス領の島，コルシカ島（カルヴィ要塞）やエルバ島を攻撃した．

フランス陸軍の活躍

　フランス陸軍は国家総動員体制で革命の勢いに乗り，侵攻してきたプロセインを攻めた．1795 年 4 月，フランスとプロセイン王国はバーゼルの和約 (Peace of Basel) を結び，休戦した．1795 年 5 月，オランダはフランス軍に占領され，第 1 回対仏大同盟から脱退した．

　フランス陸軍は，スペイン北部のバスク地方やカタルーニャ地方を攻め，優勢に戦いを進めた．1795 年 8 月，フランスとスペインは第 2 次バーゼルの和約を結び，休戦した．

　1795 年 10 月，ナポレオンはヴァンデミエールの反乱を鎮圧し，国内軍司令官となった．1796 年，ナポレオン中将はイタリア遠征軍最高司令官となり，遠征を開始した．

イギリスが数学力に勝り，地中海 (Mediterranean Sea) を制覇した

　1796年3月，ネルソンは，2隻の戦列艦と4隻のフリゲート (frigate) 艦の船隊司令官となった．フリゲートは，哨戒，護衛などの役目をする戦艦である．

　1796年10月，スペインは，イギリスとポルトガルに宣戦布告した．フランス・スペイン連合艦隊がイギリス艦隊を迎え撃ち，イギリス艦隊は，コルシカ島やエルバ島から撤収した．

　1797年2月，サン・ヴィセンテ岬沖の海戦 (Battle of Cape St. Vincent) では，戦列艦キャプテン (HMS Captain) に乗ったネルソンが活躍し，15隻の戦列艦，10隻のフリゲートからなるイギリス艦隊が，27隻の戦列艦，10隻のフリゲートからなるスペイン艦隊に勝った．

イギリスの海軍力と数学

　船の航海には，天文学，航海学が必要であり，砲撃には力学と数学が必要であった．イギリスが国家を動員して，戦術，暗号解読と学問の発展に力を入れ，海戦に応用した．

フランス陸軍のさらなる活躍

　革命の熱狂的な力があり，ナポレオンが善戦し，地上戦では，フランスが優位に戦いを進めた．1797年10月，フランスは，オーストリアとカンポ・フォルミオの講和条約を結んだ．フランス陸軍の勝因は，国民の団結と砲兵隊の数学力にあった．フランスの砲兵学校の数学力はずば抜けていた．

　オーストリアとの講和で，第1次対仏大同盟は完全に崩壊したが，イギリスは，単独でフランスとの交戦を続行した．地中海の制海権は，ネルソンが率いるイギリスの地中海艦隊が握っていた．

イギリスが地中海を制覇した中を遠征隊が出港

1798年6月,ナポレオンはエジプト遠征(Expedition to Egypt, Egyptian expedition)に出発した.その目的は,エジプトを支配下に置くこと,イギリスの海軍に対抗すること,中東を支配することなどが考えられている.

当時,エジプトは,オスマン・トルコ帝国の属州で,「マムルーク」と呼ばれる騎士集団の支配下にあった.「マムルーク」は,ゲリラ戦術が得意で,戦闘に長けていた.

戦争に多人数の学術調査団が同行した

約3万人の歩兵(infantry)と2,800人の騎兵(cavalry)のフランス軍が船に乗り込み,フランスの科学アカデミーの学者を中心に,約167名の科学者や技術者からなる学術調査団が同行した.彼らと物資を運ぶために,約300隻の輸送船が必要になった.13隻の戦列艦と7隻の護衛艦が護衛に当たった.それらの船と人と物資がトゥーロン港に集められた.

イギリス海軍が地中海を厳戒に警備している中,エジプト遠征に学術調査団が同行するというのは,単純には理解できない.結局実現はしなかったが,ナポレオンの妻のジョゼフィーヌ・ド・ボアルネも一緒に行くと言い出したのだから,フランス革命を生き抜いた人びとの胆力は凄いものがある.とりわけ,科学アカデミーの学者たちの学問への情熱は凄まじい.

イギリス艦隊がフランス軍の出港を見過ごした

さらに,不思議なのは,出港を見逃したイギリスの地中海艦隊である.ネルソンは,1798年の4月末にトゥーロン偵察を命じられ,5月15日にトゥーロン沖に着いた.5月19日に,強風が吹き,天候が荒れたため,艦隊が退避したところ,その間隙を突いてフランス艦隊が出向した.

イギリス艦隊は,強風で旗艦のヴァンガードのマストが折れ,修理のためにドックに向かった.もし,イギリス艦隊がフランス軍の出港を見つけ,

海戦になっていたら，フランスの将来を担う多くの優秀な頭脳が海の藻屑となり，フランスは立ち直るのに相当の時間を要したことであろう．

戦力を増強したイギリス艦隊がフランス軍を追撃した

1798年6月7日，イギリス艦隊は，イギリス本国から応援に来た10隻の戦列艦が加わり，13隻の戦列艦でナポレオン軍の後を追い，エジプト方面に向かった．1798年6月9日，ナポレオンは直接エジプトに行かず，聖ヨハネ騎士団が支配するマルタを攻撃し，燃料，食料，水を補給し，18日にエジプトへ向け出港した．

エジプトに直行したイギリス艦隊は，6月29日，フランス艦隊より先にアレキサンドリアに到着した．アレキサンドリアにフランス艦隊がいないのを確認すると，イギリス艦隊は，フランス艦隊を求めてシリアに向かって出港した．

フランス軍がエジプトに上陸した

7月1日，フランス艦隊は，イギリス艦隊と遭遇することなくアレキサンドリアに到着し，上陸した．戦いは1798年から1801年まで行われた．フランス軍とエジプトの地元軍，イギリス軍，オスマン帝国軍との戦闘は，エジプト・シリア戦役と呼ばれた．その戦闘は，下エジプトを中心に行われた．

マムルークの抵抗があり，アレキサンドリアの上陸に3日かかった．その後，マムルークの騎兵とナポレオンの歩兵の戦いとなった．暑さと水不足に苦しみながらも，7月13日のシブラキットの戦いや7月21日のピラミッドの戦いで，フランス軍が勝利を収めた．

クフ王のピラミッドの前で，戦闘に際して，ナポレオンが「諸君！4000年の歴史が君たちを見下ろしている」と言ったというのは，有名な話である．

フランス軍がマムルーク軍に勝利し，カイロに入った．

〈マムルークの歴史〉

1000年前後,イスラム勢力が地中海を制覇した.イスラムには,戦いで捕まえた異教徒の捕虜をイスラムに転向させ,カリフに仕える軍人とする習わしがあった.イスラム教徒に転身した捕虜の身分は法律で定められ,権利と制限が明確に規定されていた.

彼らは「マムルーク」と呼ばれた.中央アジア出身の軍人は,乗馬が得意で,騎兵としての能力に勝れ,際立った活躍をするようになった.彼らの中から,司令官や豪族となる者が出た.

マムルークが支配するマムルーク朝の誕生

エジプト,シリア,メソポタミアなどを支配したアイユーブ朝の後,1250年から1517年の間,マムルーク出身の軍人がエジプトとシリアを治めた.その王朝は,マムルーク朝と呼ばれた.

オスマン帝国の誕生

トルコ系の帝室オスマン家は,ヨーロッパの血や技術を取り入れ,銃器の使用を学び,多宗教・多民族が共存するオスマン帝国を打ち立てた.

1517年,マムルーク朝がオスマン帝国に敗れ,エジプトは,オスマン帝国の属州となった.

＜アブキール湾の海戦でエジプトのフランス海軍全滅＞
アレキサンドリア上陸の情報を得て,エジプトとへ向かった

イギリス艦隊は,フランス艦隊を求めて東地中海を1周した.1798年7月28日,イギリス艦隊は,フランス軍がエジプトに上陸したとの情報をギリシャ南部のペロポネソス半島のコロニ港で得た.そこで,アレキサンドリアへ急航した.

8月1日朝，イギリス艦隊は，アレクサンドリアの沖合い，アブキール湾に停泊しているフランス艦隊を発見した．フランス艦隊は，戦列艦の大砲が沖に向くように，1列に並んで停泊していた．

 フランス艦隊はイギリス艦隊を確認し，戦闘準備に入ったが，艦長は，敵の攻撃は翌8月2日の朝になるだろうと予測した．

 一方，ネルソンは，敵艦の錨の状況から，敵艦と陸の間に割って入れると判断した．8月1日の夕には攻撃体制を整え，浅瀬に回りこんで，敵艦を順番にたたいていった．フランス海軍の沖に向いた大砲は役に立たなかった．フランス海軍の2隻の戦列艦と2隻のフリゲートが沈没，大破し，アブキール湾のフランス艦隊は壊滅した．

フランス艦隊壊滅の理由

 開戦前の戦力は均衡していたが，フランス艦隊は全滅し，イギリス艦隊は，1隻も沈められなかった．ネルソンの戦略が勝ったこと，フランス軍の主力が上陸して艦にいなかったことなどが勝因といわれた．

 フランス海軍の一番の敗因は，フランス革命で多くの貴族が亡命したため，軍艦の乗組員の技量が低下していたことであった．イギリス海軍は，数学力でフランス海軍に勝っていた．海戦には，船の数や大砲の数に加え，砲撃や戦術の実行に，数学力が必要であった．

ナポレオンのエジプト遠征の成果は学術調査だけであった

 フランス軍はマムルークと優勢に戦ったが，暑い中での行進と水不足に悩まされた．そのような過酷な環境の下，学術調査団の学者は，戦闘中の兵士に付き従い，嬉々として学術調査に励んだ．調査に必要なものは現地に工場を造り，生産する技術力も併せ持っていた．

4.7.7 フーリエ，エジプトへ行く

フーリエは，エジプトで数学の真髄をつかんだ

1798年，フーリエは，ナポレオン・ボナパルトのエジプト遠征軍と文化使節団の一員に選ばれ，科学アドバイザーとして同行した．カイロに着いたフーリエは下エジプトの行政官となった．また，ナポレオンがカイロに開設したエジプト学士院の書記として，数学的・考古学的研究を行った．

さらに，フーリエは，カイロ大学の設立に関わり，カイロ大学の幹事となった．カイロ大学の幹事には，フーリエをはじめ，ナポレオン，モンジュ，マルスら数学分野の12人のメンバーがなった．

第2回対仏大同盟がナポレオン不在のフランスを攻めた

ナポレオンがフランスに不在の間隙を突いて，1798年12月，第2回対仏大同盟が結ばれた．イギリスが中心になって，オーストリア，ロシア帝国，オスマン帝国が参加し，フランスと戦争を始めた．

ロゼッタ・ストーンの発見でエジプトの神々が蘇った

学術調査団は，1799年，エジプトの港湾都市ロゼッタで，紀元前に3種類の文字で書かれた碑文，ロゼッタ・ストーンを発見した．

紀元前には，エジプトで神聖文字が使われていた．神々の名や働きが，神聖文字で記された．その後，エジプトが他国に侵略され，フーリエの時代になると神聖文字を読めるものはいなくなっていた．

ロゼッタ・ストーンには，紀元前196年に開かれたメンフィスの宗教会議の布告が，神聖文字（ヒエログリフ：hieroglyph），民衆文字（デモティック），ギリシャ文字で彫られていた．神聖文字をギリシャ文字と照らし合わせることによってその解読ができると，学術調査団は色めき立った．

この発見がきっかけで，その後，フランスのシャンポリオンが神聖文字を解読し，キリスト教やイスラム教の支配で，消し去られていたエジプト古代の神々が復活した．

第2回対仏大同盟の戦況がナポレオンに伝わった

1799年，イギリス艦隊がオスマン軍の援軍をアブキールへ運び，オスマン軍がそこに上陸し，フランス軍と地上戦を行った．地上戦では，フランス軍が強く，「アブキールの陸戦」でフランス軍が勝利した．その後，エジプトの砂漠に展開したフランス軍は次第に劣勢となっていった．

フランス本国では，イギリスが主導した「第2回対仏大同盟」の同盟軍はドイツ・イタリア両戦線でフランス軍を連破していた．ナポレオンは，捕虜から本国の状況を知り，軍や学術調査団をエジプトに残し，側近をつれてフランスに急遽帰国した．フーリエや多くの調査団はエジプトに残った．

エジプトから駆けつけたナポレオンの対仏大同盟との戦い

帰国したナポレオンが「ブリュメール18日のクーデター」を起こし，フランスの全権を掌握した．ナポレオンは，第2次イタリア遠征を開始した．
1800年12月，フランス軍がオーストリア軍を大破し，第2回対仏大同盟が崩壊した．1801年，イギリスやオスマン帝国との間に停戦協定が成立した．同年，ナポレオンはローマ教皇と政教条約（コンコルダート）を結び，和解した．

束の間の停戦の間に学術調査団は帰国できた

停戦協定が成立し，エジプトに伝承された英知を知る手がかりとなるロゼッタストーンはイギリスが差し押さえ，神聖文字の解読に着手した．

フーリエら学術調査団や残された兵士たちは，ロゼッタストーンの写しを持ってフランスに帰国した．

フランスに戻ったフーリエ

1801年，フーリエは，エコール・ポリテクニクの教授に復帰した．1802年，グルノーブルでイーゼル県の知事になった．1803年，レジオンドヌール勲章騎士章 (Chevalier de la légion d'honneur) を受賞した．

1804年，ナポレオンが，世襲皇帝ナポレオン 1 世として即位した．

外国との争いが繰り返された

1805年，ロシアとオーストリアがイギリスと「第 3 回対仏大同盟」を結び，フランスに宣戦布告した．12月には，第 3 回対仏大同盟が崩壊した．

1806年10月，ロシア皇帝アレクサンドル 1 世は，イギリス・プロイセンと連合し，第 4 回対仏大同盟を結成した．

フーリエはエジプトの智慧を受け継いだ

1807年12月21日，フーリエは，熱の流れに無限小の概念を導入した熱の伝導理論に関する最初の論文をフランスの科学アカデミーに提出した．

フランスの科学アカデミーは，ルイ14世によって1666年に創立され，1699年に王立となった．1790年にいったん廃止されたが，1795年，フランス学士院 (Institut de France) の一つとして再開された．

1808年，フーリエは，ナポレオン皇帝から男爵に叙せられた．『エジプト誌』 "$Description\ de\ l'Egypte$" (1808〜1825年) を監修し，その序文『歴史的序文』"$Préface\ historique$" を書いた．1809年,『エジプトの科学と政治に関する研究』"$Recherches\ sur\ les\ sciences\ et\ gouvernement\ de\ l'Egypte$" をエジプト誌に発表した．

1811年，フーリエは,『固体における熱の伝播について』"$memoire,\ sur\ la\ propagation\ de\ la\ Chaleur\ dans\ les\ corps\ solides$" をフランスの科学アカデミー (Académie des sciences (French academy of sciences)) に発表した．

ナポレオンの敗退と王政復古で職を失った

　1812年，フランスはロシア軍に敗れ壊滅的打撃を受けた．1814年，ナポレオン皇帝は退位し，エルバ島に流された．
　1814年，ルイ18世が即位した．
　1815年，ナポレオンは，エルバ島を脱出し，フーリエはナポレオンに従った．しかし，ナポレオンは敗れ，セントヘレナ島に幽閉された．
　1815年，王政復古でルイ18世が国王となった．フーリエは，知事を解任され，無職となり，パリに戻った．

ナポレオン後のアマチュア時代の学術活動を仕上げた

　1816年，エジプト派遣軍の同僚でセーヌ県知事のヴォルヴィックの推薦で，フーリエは，セーヌ県の統計局長となった．セーヌ県は，パリに隣接した首都圏にあった．
　1817年，フランスの科学アカデミーの会員となった．1818年，ニュートンが導いた方程式の数値解法を適用する諸条件について研究した．
　1819〜1820年の科学アカデミーの論文集に，1811年に発表した論文を再掲し，1821〜1822年の論文集に，増補した『熱の解析的理論』"Theorie analytique de la chaleur" を掲載した．
　ニュートンは，熱が高い方から低い方に移動し，その速度は温度差に比例するという解析を行った．それは，時間の関数としての変化であった．
　一方，フーリエは空間的な変化，温度の傾斜を速度論的に解析した．

いろいろなアカデミーの会員となった

　1822年12月，フーリエはフランスの科学アカデミーの終身幹事になった．1823年4月には医学アカデミー(Académie de médaeine)の準自由会員となった．1823年12月，ロンドン王立協会の外国人の会員となった．

1824年,『熱の解析的理論 第1部』を出版した.1826年,『熱の解析的理論 第2部』を出版した.

1826年,フーリエは,エジプト学によって,文芸のアカデミーフランセーズ (Académie francaise) と医学アカデミーの会員となった.

1827年,ラプラスの後任で,エコール・ポリテクニクの理事長となった.

1829年,サンクトペテルブルグ科学アカデミー名誉会員となった.

1830年,スウェーデン王立科学アカデミー (Royal Swedish Academy of Sciences) の会員となった.

立憲君主国家となり,革命が終焉した

1830年5月,フーリエ,62才で他界した.

1830年7月,7月革命で,オルレアン家のルイ・フィリップを国王とした立憲君主制の王政となった.

1831年,フーリエから解析を教わったクロード・ルイ・マリー・アンリ・ナヴィエ (Claude Louis Marie Henri Navier) が,フーリエの『方程式を定める解析』を出版した.

＜時空を超える大発見＞
3角関数の和が意味すること

14世紀から17世紀にかけて,西洋で,神を信じる数学者によって,『ユークリッドの原典』を更新する「神と共にある数学」が発展した.

π などの無理数や3角関数などのいろいろな関数が,無限級数で表された.パスカル,ライプニッツ,ニュートン,グレゴリー,テイラー等々,ヨーロッパのたくさんの数学者がそれを完成させた.しかし,それを最初に発見したのは,インドの聖地のマーダヴァであった.

フーリエは,戦闘的な数学を教える環境下で,泥の池に蓮の花が咲くように,3角関数の和の方程式を解くことを考えた.

例えば，
$$y = \cos x + \frac{1}{2}\cos 2x + \frac{1}{3}\cos 3x + \cdots$$
のような形である．

$y = \cos x$ は 2π の周期性を持っている．$y = \frac{1}{2}\cos 2x$ は π の周期性を持っている．$y = \frac{1}{3}\cos 3x$ は $2\pi/3$ の周期性を持っている．$y = \frac{1}{n}\cos nx$ は $2\pi/n$ の周期性を持っている．

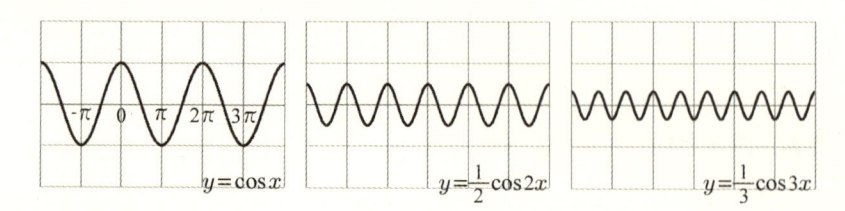

同様の周期性を持つサインカーブを次に示した．

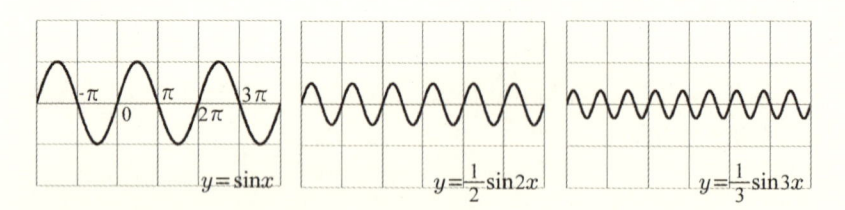

それらを合成したものが，3角関数の和である．

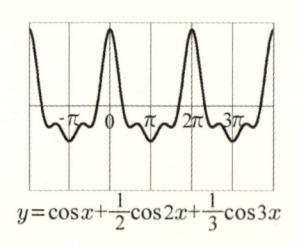

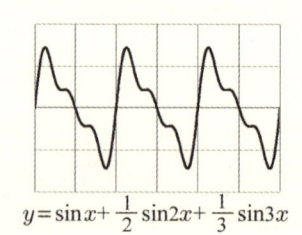

3 角関数の和が熱の解析に用いられた

フーリエは，若き頃に天啓で得た方程式の解法をエジプトに行って完成させた．それが，フーリエの『熱の解析的理論』である．1887 年，数学者のジーン・ガストン・ダルブー (Jean-Gaston Darboux) がフーリエの論文集を編集した．『熱の解析的理論』の日本語訳が，2005 年に出版された [4]．

科学者たちの力学の関心は，大砲の弾道にあったが，エジプトへ行ったフーリエは熱という目に見えないものに傾倒した．熱は，太陽から地球に降り注ぐ生命力であった．単に「熱の伝導理論」にとどまらず，振動，電気などいろいろな分野に応用ができる基本的な理論が形成された．

フーリエは序論で，「太古の時代の人たちが，知りえた力学の知識がわれわれに全然伝えられてないし，調和に関する初期の理論を除けば，科学の歴史はアルキメデスの発見以前まではさかのぼることはできない」と記した．この文章は，神と共にあった太古の時代の高い科学力を認識していたことを窺わせる．その歴史は，エジプトで学んだのであろう．そして，ガリレイやニュートンが科学の後継者になったと述べた．

そこで，フーリエは，熱の挙動を説明する法則の研究をして，基本的な数式を発見した．本巻では，足し算でいろいろなことを表現できる級数の歴史を述べてきた．その最後がフーリエ級数である．3 角関数の級数をフーリエ級数という．

簡単な 3 角関数の級数から説明が始まった

フーリエは『熱の解析的理論』の第 3 章「無限長の長方形固体内の熱の伝搬」第 2 節「熱の理論に三角級数を用いた最初の例」で，xy 平面上の関数 $F(x)$ を 3 角関数の和で表現する次のような方程式を例に熱の伝達の解析について述べた．

$$1 = a\cos y + b\cos 3y + c\cos 5y + d\cos 7y + \cdots$$

この方程式の係数，$a, b, c \ldots$ を求める過程（方程式を解く）を詳説した．

偶関数を級数に展開した

また，第 3 章「無限長の長方形固体内の熱の伝搬」で
$$a + b\cos x + c\cos 2x + d\cos 3x + e\cos 4x + \cdots$$
という級数を紹介し，
$$\frac{1}{2}\pi\phi(x) = \frac{1}{2}\int_0^{+\pi}\phi(x)\,dx + \cos x\int_0^{+\pi}\phi(x)\cos x\,dx$$
$$+ \cos 2x\int_0^{+\pi}\phi(x)\cos 2x\,dx + \cos 3x\int_0^{+\pi}\phi(x)\cos 3x\,dx + \cdots$$
という方程式を導き出した．

先の級数の係数 $a, b, c, d, e, \cdots$ を $a_0, a_1, a_2, a_3, \cdots, a_n, \cdots$ と書き換えると，それらの係数は，
$$a_n = \frac{2}{\pi}\int_0^{+\pi}\phi(x)\cos nx\,dx,\ \ n = 1, 2, 3, \cdots$$
あるいは，
$$a_n = \frac{1}{\pi}\int_{-\pi}^{+\pi}\phi(x)\cos nx\,dx,\ \ n = 1, 2, 3, \cdots$$
と表される．

余弦に展開された関数 $\phi(x)$ は，
$$\phi(x) = \phi(-x)$$
という y 軸を中心に左右対称の偶関数 (even function) である．

奇関数を級数に展開した

同様にして，
$$\pi\varphi(x) = \sin x\int_{-\pi}^{+\pi}\varphi(x)\sin x\,dx$$
$$+ \sin 2x\int_{-\pi}^{+\pi}\varphi(x)\sin 2x\,dx + \sin 3x\int_{-\pi}^{+\pi}\varphi(x)\sin 3x\,dx + \cdots$$

という方程式を導き出した．

正弦に展開された関数 $\varphi(x)$ は，

$$\varphi(x) = -\varphi(-x)$$

という y 軸を中心に互いに反対の位置にある奇関数 (odd function) である．

一般的な周期関数を偶関数と奇関数に分けて展開した

一般的な周期関数 $F(x)$ を偶関数 $\phi(x)$ と奇関数 $\varphi(x)$ に分け，積分を $x=-\pi$ から $x=\pi$ までとると，

$$\pi F(x) = \pi\phi(x) + \pi\varphi(x) = \frac{1}{2}\int_{-\pi}^{+\pi}\phi(x)\,dx$$
$$+ \cos x \int_{-\pi}^{+\pi}\phi(x)\cos x\,dx + \cos 2x \int_{-\pi}^{+\pi}\phi(x)\cos 2x\,dx + \cdots$$
$$+ \sin x \int_{-\pi}^{+\pi}\varphi(x)\sin x\,dx + \sin 2x \int_{-\pi}^{+\pi}\varphi(x)\sin 2x\,dx + \cdots$$

となる．

任意の関数の展開

奇関数の性質から，任意の自然数 n に対して，

$$\int_{-\pi}^{+\pi}\varphi(x)\cos(nx)dx = 0$$

であるから，

$$\int_{-\pi}^{+\pi}\phi(x)\cos nx\;dx = \int_{-\pi}^{+\pi}\bigl(\phi(x) + \varphi(x)\bigr)\cos nx\;dx$$
$$= \int_{-\pi}^{+\pi}F(x)\cos nx\;dx$$

と等しい．奇関数においても，同じような方法を用い，ある任意の関数を，多数の円弧による正弦や余弦の形の級数に展開でき，

$$\pi F(x) = \frac{1}{2} \int F(x)\,dx$$
$$+ \cos x\,dx \int F(x) \cos x\,dx + \cos 2x\,dx \int F(x) \cos 2x\,dx + \cdots$$
$$+ \sin x\,dx \int F(x) \sin x\,dx + \sin 2x\,dx \int F(x) \sin 2x\,dx + \cdots$$

という方程式が得られた．

フーリエ級数展開

　方程式の積分の部分は，係数となり，フーリエ係数 (Fourier coefficient) と呼ばれている．フーリエ係数を a_n, b_n で表し，級数を総和の記号 ($\sum$) を用いて表すと，

$$f(x) = \frac{a_0}{2} + \sum_{n=1}^{\infty}(a_n \cos nx + b_n \sin nx)$$

となる．この式はフーリエ級数 (Fourier series) または，フーリエ級数展開 (Fourier expansion) と呼ばれている．

　その n が 1 から m までの部分級数 $S_m(x)$ は

$$S_m(x) = \frac{a_0}{2} + \sum_{n=1}^{m}(a_n \cos nx + b_n \sin nx)$$

と表される．

比較としてテイラー展開を再掲する

$$f(x) = f(c) + \sum_{n=1}^{\infty} \frac{f^{(n)}(c)}{n!}(x-c)^n$$

ただし，$f(x)$ は c で微分可能な関数である．

参考文献

[1] P.S.Laplace／著, 伊藤清／訳・解説, 樋口順四郎／訳・解説. ラプラス確率論 確率の解析的理論 現代数学の系譜. 共立出版, 1986.

[2] Laurence E.Sigler／著. *Fibonacci's Liber Abaci*. Springer, 2003. A Translation into Modern English of Leonardo Pisano's Book of Calculation (Sources and Studies in the History of Mathematics and Physical Sciences).

[3] ジャン・ビュリダン／著, 青木靖三／訳. 科学の名著：5 中世科学論集. 朝日出版社, 1981. 天体・地体論4巻問題集.

[4] ジョゼフ・フーリエ／著, ガストン・ダルブー／編, 竹下貞雄／訳. 熱の解析的理論. 大学教育出版, 2005.

[5] ディドロ，ダランベール／著. 世界の名著：29 ヴォルテール，ディドロ，ダランベール. 中央公論社, 1977.

[6] ディドロ，ダランベール／編, 桑原武夫／訳編. 百科全書. 岩波文庫, 1979. 序論および代表項目.

[7] ニコール・オレーム／著, 横山雅彦／訳. 科学の名著：5 中世科学論集. 朝日出版社, 1981. 天体・地体論4巻問題集.

[8] パスカル／著. パスカル全集 第一巻. 人文書院, 1949. 伊吹 武彦ほか／訳.

[9] パスカル／著. パンセ 1 中公クラシックス. 中央公論新社, 2001. 前田 陽一／訳.

[10] パスカル／著, 田辺保／訳. パスカル著作集：1. 教文館, 1980. 幾何学の精神について.

[11] プラトン／著, 山本光雄／編集. プラトン全集：6. 角川書店, 1973. ティマイオス.

[12] プラトン／著, 田中美知太郎／訳. テアイテトス. 岩波書店, 1966.

[13] ラプラス／著. 世界の名著：65 現代の科学. 中央公論社, 1977. 確率についての哲学的試論.

[14] ルソー／著, 桑原武夫／訳. 筑摩世界文学大系：22 告白. 筑摩書房, 1974.

[15] 柴田三千雄／著. フランス史 10 講. 岩波書店, 2006.

[16] 上智大学中世思想研究所／編訳・監修. 中世思想原典集成 19 中世末期の言語・自然哲学. 東京 平凡社, 1994. ニコル・オレーム／著　中村 治／訳　質と運動の図形化.

[17] 矢野道雄／責任編集. 科学の名著 インド天文学・数学集. 朝日出版社, 1980.

[18] 田辺保／著. パスカル著作集：別巻 2. 教文館, 1984. パスカル伝.

[19] 楠葉隆徳ほか／共著. インド数学研究－数列・円周率・三角法－. 東京　恒星社厚生閣, 1997.

[20] 吉永良正／著. パンセ 数学的思考. みすず書房, 2005. 前田 陽一／訳.

あとがき

　中世ヨーロッパは，神学と科学が一体であった面白い時代である．15世紀から17世紀の学者は，当時の最新の幾何学の無限大と無限小で神を説明しようとした．その時の数学者の文献を集め，整数と足し算だけの数学を切り口とし，オレームからフーリエまでを整理した．

　数学者とか科学者という形容詞はできるだけ避け，その人の業績を中心に情報を集めた．読みにくくなるという欠点はあるが，その人や業績をインターネットで調べられるように，キーワードを英文や現地語で併記した．

　両親の職業と教育方針や，その人の生まれた国や活躍した国の時代背景が，思考や業績に影響するので，その人を正しく評価するためにそれらは不可欠である．

　その時代の為政者の思考が学問の発展や停滞に大きな影響を与えるので，為政者と数学の関係にも焦点を当てた．伝記や噂を鵜呑みにするのではなく，なるべくその人が書いた原典から情報を集め，本人の考えを重視するようにした．

　科学は，実験によって誰でも，いつでも，どこでも再現が可能な学問である．数学は，科学より理論的であるが，問題によって正否を確認できる学問である．神学はより繊細であり，パスカルにいわせると，修養と体験が重要な学問である．

　その頃は，神学と科学が一体の時であり，神を信じた人，神と出会った人，神を新しい幾何学で証明しようとした人びとがいた．整数と足し算だけの超次元の数学を，神と共に在りし数学者たちが作り出した．

　その後，次第に科学が分離独立していった．唯物論に傾斜し，神から離れていった人びともいた．その過程がだんだん見えてきた．

索引

アールヤ学派 66
アールヤバタ 51, 64
アールヤバティーヤ 51, 64
アウグスティヌス 128, 151
アカデミー・フランセーズ 185
アポロニウス 124
アモス・デットンビル 153
アリストテレス 132, 137, 150
アルノー 129, 147

イエズス会 101, 134, 185, 186, 188
インダス文明 61

永久機関 147
エコール・ノルマル・シュペリュール 219
エコール・ポリテクニク 220, 231
エコール・ミリテール 186, 194, 201, 218
エジプト遠征 223
円周率 49
円錐曲線 88, 137
円錐曲線試論 125

王政復古（仏） 230
王政復古（英） 170
オセール 208
オネットム 152
オルレアン公 211, 214, 231
オレーム 78

階乗 14, 160, 165
確率 166
カセグレン 100
カトリック 138
ガリレオ 100, 132

記号化 8
記数法 15
逆3角関数 104
虚数 32

組み合わせ 143, 162
グラスゴー大学 173
グレゴリー 98
グレシャム 108

計算機 126
ケーララ 64, 68
ケプラー 100

互除法 27
国教会 168
弧度法 42

サイクロイド 153
差分 117
サン・シラン 130
3角関数 44
算術3角形 88, 127, 142
三部会 213

四元数 47
次元変換 45
指数 13, 35
自然数 1, 5
自然対数 18
実数 31
4分円の正弦論 155
シャープ 106
ジャコバイト 175
ジャコバン・クラブ 190
シャルル5世 179

索引

ジャンセニウス	128
宗教体験	131
十字軍	72
収束	60
順列	157
情念	187
ジョーンズ	107
ジロンド派	191, 217
真空実験	133
神秘体験	147
数列	17
清教徒革命	169
正弦表	65
整数	5, 11
聖ヴァンサンのグレゴリー	101
総乗	14
ソクラテス	23
ソルボンヌ	141, 147
帯剣貴族	180
対数	18, 37
代数学の父	99
多項式	111
多項式補間	115
ダランベール	181
タレーラン	190, 216
調和数列	85
ディドロ	186
テイラー	108, 171
テイラー級数	172
テイラー展開	172
デカルト	135, 136, 149
デザルグ	124
テルミドール	197
展開	89
トゥーロン	195, 223
等差数列	17, 56
等比級数	57
等比数列	18
度数法	41
トリチェリ	132
ナポレオン	194
2項係数	89
2項展開	165
ニュートン	90, 93, 96, 97
ネッケル	212
熱の解析的理論	231
ネルソン	222
ノエル	134
バースカラ	67
歯車式計算機	125
パスカル	88
発散	59
バラモン教	63
パレ・ロワイヤル	214
半弦	40
パンセ	149
ビエト	98, 112
ピラゴラス	21
ヒッパルコス	39
百科全書	183, 191
ピュイ・ド・ドーム	136
ビュリダン	76
秒半弦	65
フィボナッチ	74, 121
フィヤン・クラブ	191
フィヤン・クラブ	214
フーリエ	208, 227
フーリエ級数	236
フェルマー	145
複素数	34
仏教	62
フック	100
プトレマイオス	39
プラトン	23
ブラフマー学派	67
ブラマグプタ	115

フランク王国	178	ルーレット	153
ブルボン朝	180	ルソー	188
プロヴァンシアル	148		
プロテスタント	128, 138	ロゼッタ・ストーン	227
フロンドの乱	138, 141	ロベスピエール	189, 219

望遠鏡	99
法服貴族	180
ポール・ロワイヤル	129, 130, 139, 140, 147, 153, 155
補間	114
ボルダ	210

マーダヴァ	68
マクローリン	173
マザラン	138, 181
マチン	108
マムルーク	223, 224

無限級数	59
無限数列	17
無神論	151, 187
無理数	20

名誉革命	170
メルカトル	96
メルセンヌ	133, 140

モンジュ	206, 220

ユークリッド	27
有限数列	17
有理数	12, 19

ラグランジュ	198
ラファイエット	190, 215
ラプラス	201

リシュリュー	123, 130, 138, 180, 214
理神論	151, 187

ルイ16世	189, 212
ルイ・ル・グラン	186, 189
ルーアン	124, 125, 138

■著者紹介

井上　清博（いのうえ　きよひろ）

　　　1972 年　　東京工芸繊維大学卒業．
　　　1997 年　　東京工業大学博士課程修了，工学博士．
　　　神戸電子専門学校非常勤講師，東京工業大学大学院非常勤講師，会社顧問などを歴任．
　　　現　在　　高圧ガス工業株式会社　技術部長．

　主著
　　　『繊維の数学』ティビーエス・ブリタニカ，2002 年
　　　『抽象次元学入門』大学教育出版，2005 年

■製作スタッフ
　　　カバーデザイン：窪田　慶・井上貴博
　　　装　丁：ヒロ山口・山口久美子・ジュン寺田

神と共に在りし数学　上
―ヨーロッパで咲いた数学の花―

2010 年 9 月 5 日　初版第 1 刷発行

■著　者――井上清博
■発 行 者――佐藤　守
■発 行 所――株式会社　大学教育出版
　　　　　〒700-0953　岡山市南区西市 855-4
　　　　　電話 (086)244-1268㈹　FAX (086)246-0294
■印刷製本――サンコー印刷㈱

© Kiyohiro Inoue 2010, Printed in Japan
検印省略　落丁・乱丁本はお取り替えいたします。
無断で本書の一部または全部を複写・複製することは禁じられています。

ISBN978－4－86429－010－4